国家重点研发计划项目(2016YFC0801407,2016YFC0801403)
国家自然科学青年基金项目(51604270)
国家重点基础研究发展计划(973)项目(2010CB226805)
江苏省重点研发计划资助项目(BE2015040)
中国博士后面上基金项目(2015M580494)

断层型冲击矿压的动静载叠加诱发原理及其监测预警

蔡　武　窦林名　李振雷　著

中国矿业大学出版社

内 容 提 要

本书系统阐述了断层型冲击矿压的动静载叠加诱发原理及其监测预警技术,内容包括:断层型冲击矿压的动静载叠加作用机理、动静载作用下断层物理力学及相似模型试验、断层型冲击矿压声震多尺度前兆信息识别及其微震多参量时空监测预警,以及断层型冲击矿压监测与防治工程实践等。

本书可供从事采矿工程和岩土工程领域中冲击矿压和岩爆的监测与防治研究的科技工作者、工程技术人员,以及学生参考使用。

图书在版编目(C I P)数据

断层型冲击矿压的动静载叠加诱发原理及其监测预警/蔡武,
窦林名,李振雷著.—徐州:中国矿业大学出版社,2017.6

ISBN 978 - 7 - 5646 - 3594 - 7

Ⅰ. ①断… Ⅱ. ①蔡… ②窦… ③李… Ⅲ. ①煤矿—矿山压力—冲击地压—监测系统—预警系统—研究 Ⅳ. ①TD324

中国版本图书馆 CIP 数据核字(2017)第 127298 号

书　　名	断层型冲击矿压的动静载叠加诱发原理及其监测预警
著　　者	蔡　武　窦林名　李振雷
责任编辑	章　毅　郭　玉
出版发行	中国矿业大学出版社有限责任公司
	(江苏省徐州市解放南路　邮编 221008)
营销热线	(0516)83885307　83884995
出版服务	(0516)83885767　83884920
网　　址	http://www.cumtp.com　E-mail:cumtpvip@cumtp.com
印　　刷	徐州中矿大印发科技有限公司
开　　本	787×960　1/16　印张 13.75　字数 266 千字
版次印次	2017 年 6 月第 1 版　2017 年 6 月第 1 次印刷
定　　价	36.00 元

(图书出现印装质量问题,本社负责调换)

前　言

　　冲击矿压,在非煤矿山或其他岩土工程中也称岩爆,是井巷或工作面周围煤岩体由于弹性变形能的瞬时释放而产生突然剧烈破坏的动力现象,常伴有煤岩体抛出、巨响及气浪等现象。断层作为煤矿采掘过程中普遍存在的一种地质构造形态,给煤矿生产带来巨大的安全隐患,如顶板、水、火、瓦斯、冲击矿压灾害等。国内外生产实践表明,断层构造容易诱发冲击矿压,尤其是当采掘空间接近断裂破碎带时,冲击矿压发生的频度和强度急剧增加。如,辽宁抚顺龙凤煤矿发生的50 次冲击矿压中,36 次(72％)与断层有关,62％在巷道接近断层时发生,14％在巷道处于断层线附近处发生;2005 年 2 月 14 日,辽宁阜新孙家湾煤矿断层活化诱发冲击矿压造成的特大瓦斯爆炸事故,造成214 人死亡,30 人受伤;2011 年 11 月 3 日 19 时 18 分,河南义马千秋煤矿 F16 逆冲断层活化诱发的重大冲击矿压事故,监测能量 $3.5×10^8$ J,造成 10 人死亡、64 人受伤,直接经济损失 2 748.48 万元;2014年 3 月 27 日 11 时 18 分,千秋煤矿再次发生一起较大冲击矿压事故,监测能量 $1.1×10^7$ J,造成 6 人死亡、13 人受伤,直接经济损失 705.22万元,事故发生区域处于 500 m×900 m 的大煤柱孤岛高应力区,并临近 F3-7 和 F3-9 断层,断层活化被认为是事故的主要诱因。此外,义马跃进煤矿 25110 工作面掘进末期和回采初期临近 F16 逆冲断层,以及回采临近中部小断层时发生多起较为严重的冲击矿压。综上所述,断层诱发冲击矿压影响因素复杂,破坏性巨大,往往达到地震级别,因此亟须发展一种断层型冲击矿压发生的新理论,进而有针对性地指导其监测预警与防治工作。

本书围绕煤层采掘活动引起断层活化诱发冲击矿压的"断层、采动应力、矿震动载"三个关键因素,综合采用理论分析、数值仿真、物理力学试验、相似模拟试验、数值试验与工程实践等手段,对断层型冲击矿压的动静载叠加诱发原理、多尺度前兆信息识别、微震多参量时空监测预警,以及其监测与防治工程实践的理论与技术进行了系统研究。

本书内容共分为8章:第1章介绍了断层型冲击矿压机理及其监测预警研究现状,总结了前人的研究成果与存在的不足;第2章介绍了断层型冲击矿压的动静载叠加作用机理;第3章和第4章分别开展了静载作用下的断层物理力学试验和动载作用下的断层相似模拟试验;第5章介绍了断层型冲击矿压的多尺度前兆信息识别;第6章介绍了断层型冲击矿压的微震多参量时空监测预警技术及体系;第7章选取河南义马跃进煤矿和甘肃宝积山煤矿作为断层型冲击矿压监测与防治的工程实践基地,进行了工业性试验;第8章为结论与展望。

本书是作者参与和承担的国家重点基础研究发展计划(973)项目"深部煤岩动力灾害的前兆信息特征与监测预警理论"(项目编号:2010CB226805)、国家重点研发计划项目"基于云技术的煤矿典型动力灾害区域监控预警系统平台"(项目编号:2016YFC0801407)、国家重点研发计划项目"冲击地压风险智能判识与监测预警理论及技术体系"(项目编号:2016YFC0801403)、国家自然科学青年基金项目"煤层采掘活动引起断层活化的微震前兆试验研究"(项目编号:51604270)、中国博士后面上基金项目"动静载叠加诱发断层冲击地压的试验研究"(项目编号:2015M580494)等课题研究成果的整理和总结,具体以第一作者博士论文为基础,在导师窦林名教授指导下进一步深化完成的。书稿编写过程中,得到了许多专家的指导与协助。特别感谢博士论文选题及答辩评阅人中国矿业大学屠世浩教授、柏建彪教授、刘长友教授、曹胜根教授、牟宗龙教授、曹安业教授,太原理工大学康立勋教授,北京科技大学王金安教授和安徽理工大学涂敏教授给予的建议和帮助。感谢煤炭资源与安全开采国家重点实验室王桂峰副研究员、张少华老师、赵海云老师和宋万新老师在实验中的帮助。感谢深部岩土力学与地下工程国家重点实验室李元海教授在数字照相量测技术方面给予的大力帮助。衷心感谢在博士后工作期间，合作导师杨胜强教授和鞠杨教授在科研及生活上给予的关照和指导。感谢作者所在冲击矿压研究团队的刘海顺教授、巩思园副研究员、贺虎副教授、徐秀副教授、何江讲师、范军老师、李振雷博士、朱广安博士、丁言露博士、孔勇博士等在本书的编写过程中给予的大力支持和帮助。感谢河南大有能源股份有限公司矿压研究所、跃进煤矿、常村煤矿、杨村煤矿、千秋煤矿，甘肃靖远煤电股份有限公司宝积山煤矿及黑龙江龙煤集团下属煤矿等单位及其领导和技术员对本书的出版给予的大力支持。

　　本书有许多关于断层型冲击矿压理论及其多参量监测预警体系方面的新思想和新观念，其中某些有待于进行更深入细致的研究。由于作者水平有限，书中难免有不足之处，恳请读者批评指正。

作　者

2017 年 1 月

目　　录

1 绪论 ……………………………………………………………………… 1

　1.1 研究背景及意义 ……………………………………………………… 1

　1.2 国内外研究现状 ……………………………………………………… 6

　1.3 主要研究内容及方法 ………………………………………………… 14

2 断层型冲击矿压的动静载叠加作用机理 ……………………………… 16

　2.1 断层型冲击矿压的动静载作用机理概念模型 ……………………… 17

　2.2 断层活化的动静载作用机理 ………………………………………… 21

　2.3 断层区域顶板变形破断过程的动静载作用机理 …………………… 30

　2.4 基于砌体梁结构动静载作用的断层煤柱应力分析 ………………… 34

　2.5 本章小结 ……………………………………………………………… 43

3 静载作用下的断层物理力学试验 ……………………………………… 45

　3.1 试验目的及内容 ……………………………………………………… 46

　3.2 不同断层特征参数下的应力及破裂显现特征 ……………………… 49

　3.3 不同断层特征参数下的声发射特征 ………………………………… 59

　3.4 断层物理力学试验中的位移变形特征 ……………………………… 67

　3.5 本章小结 ……………………………………………………………… 71

4 动载作用下的断层相似模拟试验 ……………………………………… 73

　4.1 相似模拟试验设计 …………………………………………………… 73

　4.2 动载作用下断层面的破裂滑移特征 ………………………………… 77

　4.3 动载作用下断层面的力学响应特征 ………………………………… 80

　4.4 动载作用下断层围岩的声发射响应特征 …………………………… 83

　4.5 本章小结 ……………………………………………………………… 92

5 断层型冲击矿压的多尺度前兆信息识别 ············· 94
　　5.1 冲击矿压前兆信息的力学数值试验 ············· 95
　　5.2 小尺度岩样破裂及断面滑移前兆信息识别 ············· 105
　　5.3 中尺度相似模型断层失稳前兆信息识别 ············· 108
　　5.4 大尺度矿山开采围岩破裂前兆信息识别 ············· 109
　　5.5 本章小结 ············· 113

6 断层型冲击矿压的微震多参量时空监测预警 ············· 116
　　6.1 冲击矿压的微震多参量时空监测预警体系 ············· 117
　　6.2 断层型冲击矿压的微震活动性多维信息时空监测 ············· 118
　　6.3 断层型冲击矿压的冲击变形能时空监测 ············· 134
　　6.4 断层型冲击矿压的震动波速度层析成像监测 ············· 139
　　6.5 断层型冲击矿压的震源机制监测 ············· 150
　　6.6 断层型冲击矿压的非线性分形监测 ············· 152
　　6.7 本章小结 ············· 156

7 断层型冲击矿压的监测与防治工程实践 ············· 159
　　7.1 断层型冲击矿压监测与防治思路 ············· 159
　　7.2 河南义马跃进煤矿 ············· 160
　　7.3 甘肃宝积山煤矿 ············· 174
　　7.4 本章小结 ············· 181

8 结论与展望 ············· 182
　　8.1 研究结论 ············· 182
　　8.2 创新点 ············· 185
　　8.3 研究展望 ············· 185

参考文献 ············· 187

1 绪 论

1.1 研究背景及意义

煤炭是我国的基础能源,尽管近两年来产业结构调整、雾霾治理、油气和新能源消费增加等使得煤炭消费缩减,但中国"富煤、贫油、少气"的能源禀赋特点决定了我国煤炭的能源主体地位短期内不会改变。目前,我国主要产煤区的浅部资源已逐渐枯竭,平均采深已达 600 m,预计在未来 20 年,我国多数煤矿将进入 1 000 m 到 1 500 m 的开采深度[1-2]。随着煤炭深部开采时代的到来,深部围岩受"三高一扰"(高地应力、高渗透压力、高地温、强开采扰动)影响,煤矿冲击矿压越发频繁。原来发生过冲击矿压的矿井,冲击形势越发严峻;原来没有发生过的矿井,也开始逐步出现冲击现象。

冲击矿压,亦称冲击地压,在非煤矿山或其他岩土工程中也称岩爆,是指井巷或工作面周围煤岩体由于弹性变形能的瞬时释放而产生突然剧烈破坏的动力现象,常伴有煤岩体抛出、巨响及气浪等现象[3]。它不仅能造成井巷破坏、人员伤亡、地面建筑物破坏,而且还会引起瓦斯、煤尘爆炸,火灾及水灾,是煤矿重大灾害之一,严重影响着煤矿的安全、高效开采[4-5]。如:辽宁阜新恒大煤业公司 2014 年"11·26"煤尘燃烧事故,矿震诱发,造成 28 人死亡,50 人受伤[6];河南义马千秋煤矿 2014 年"3·27"冲击矿压事故,造成 6 人死亡,2011年"11·3"冲击矿压事故,造成 10 人死亡,64 人受伤,直接经济损失 2 748.48 万元[7];黑龙江峻德煤矿 2013 年"3·15"冲击矿压事故,造成 5 人死亡,直接经济损失 663.59 万元[8];江苏徐州张双楼煤矿 2010 年"7·30"冲击矿压事故,造成 6 名矿工遇难;辽宁阜新孙家湾煤矿 2005 年"2·14"特大瓦斯爆炸事故,冲击矿压诱发,造成 214 人死亡,30 人受伤,直接经济损失 4 968.9 万元;安徽淮北卢岭煤矿 2003 年"5·13"瓦斯爆炸事故,冲击矿压诱发,造成 86 人死亡;1960 年 1 月 20 日发生于南非 Coalbrock North 煤矿的冲击矿压事故,造成 437 人死亡,井下破坏面积达 300 m²,是目前煤矿冲击矿压灾害中最为严重的一次[9]。

随着煤炭开采深度和强度的增大,冲击矿压已成为煤矿普遍的安全问题。自1783年在英国的南史塔福煤田首次报道煤矿冲击矿压现象以来,包括我国在内的世界各采矿国家,如德国、南非、苏联、波兰、美国、加拿大、日本、法国、印度、英国、乌克兰、捷克、匈牙利、保加利亚、奥地利、新西兰、孟加拉和安哥拉等国家和地区都相继不同程度地受到冲击矿压的威胁[9-11]。我国煤矿冲击矿压最早于1933年发生在辽宁抚顺胜利煤矿,之后逐步扩大到包括北京、枣庄、阜新、大同、天池、开滦、新汶、徐州、义马、鹤壁、双鸭山、鸡西、七台河、淮南、大屯、韩城、兖州、华亭、古城、鹤岗、平顶山、贵州、新疆等140余个矿区(井)。由于冲击矿压发生原因复杂、影响因素多、发生突然、破坏性极大,迄今为止对于冲击矿压的机理、监测预警及其防治等方面尚未取得重大突破,煤矿安全问题仍亟待解决,这已成为制约我国深部矿井开采及其他地下工程发展的一大技术瓶颈。

根据窦林名教授冲击矿压课题组多年来的总结,按照冲击矿压发生的位置及其影响因素不同可将其分为煤柱型、褶曲型、坚硬顶板型和断层型四种,如图1-1所示。众所周知,采矿活动必然导致近场和远场的围岩应力重新分布,引起能量的转移和释放,因此,与常规实验室中准静载导致煤岩冲击破坏的单一力源因素不同,实际采矿中一定存在动载的扰动,只是在不同条件下动载的强度不同而已,故以上四种类型的冲击矿压均受静载应力场和震动场(动载)的叠加影响,是煤岩体中静载应力和矿震动载应力双重作用的结果,不同点是静载应力和动载应力在冲击矿压发生时的贡献大小不同。目前,国内外学者对上述四种类型的冲击矿压已进行了大量研究,尤其是煤柱型、褶曲型和坚硬顶板型研究得最为广泛,这三种类型冲击矿压的主要诱发因素为煤体静载和顶板活动动载,相应也提出了不少经典的冲击矿压理论。断层型冲击矿压影响因素较为复杂,破坏性巨大,往往达到地震级别,虽然大量学者已在这方面展开研究,也获得了不少代表性的成果,然而仍存在大量关键性科学难题需要解决。

断层作为煤矿采掘过程中普遍存在的一种地质构造形态,给煤矿生产带来巨大的安全隐患,如顶板、水、火、瓦斯、冲击矿压灾害等。国内外生产实践表明,断层构造容易诱发冲击矿压,尤其是当采掘空间接近断裂破碎带时,冲击矿压发生的频度和强度急剧增加。如,南非Witwatersrand金矿,到20世纪70年代末总共发生千次以上震级达5级的断层型冲击矿压[12]。龙凤矿发生的50次冲击矿压中,36次(72%)与断层有关,62%在巷道接近断层时发生,14%在巷道处于断层线附近处发生[13]。山东古城煤矿2106工作面位于F9及DF4两条斜交断层下盘,在工作面回采期间,先后多次发生较严重的压力异常显现,造成巷道变形严重[14]。河南义马煤田南部边界为F16逆冲大断层[15-16],随着义马矿区主要矿井向深部延伸,接近F16断层时,应力集中明显,冲击矿压发生频度和强度急

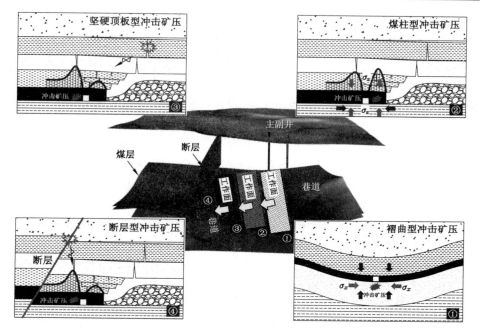

图 1-1 冲击矿压类型示意图

剧增加。受 F16 断层影响,跃进煤矿 25110、耿村煤矿 12200、杨村煤矿 D13171 等采煤工作面和千秋煤矿 21221 下巷掘进工作面的矿山压力明显增大。近年来,跃进煤矿 25110 采煤工作面曾发生冲击矿压 3 次,杨村煤矿 D13171 采煤工作面发生冲击矿压 3 次,千秋煤矿 21201 工作面发生严重冲击矿压 1 次,21221 下巷发生严重冲击矿压 1 次。尤其是千秋煤矿 21221 下巷掘进工作面发生的冲击矿压事故,造成 10 人死亡,64 人受伤。另外,跃进煤矿掘进 F16 探巷时,发生 1 次冲击矿压,千秋煤矿探巷接近 F16 断层时,应力明显增高。

根据现场观测及相关文献[4,12,14,17-20]介绍,断层型冲击矿压具有如下几个特征:

(1) 断层型冲击矿压是一种特定类型的冲击矿压,而并非仅指井田范围内断层由于采矿活动而引起的突然相对错动并猛烈释放能量的一种现象。其中,断层突然错动猛烈释放的能量在没有造成采掘空间周围煤岩体破坏显现的情况下仅仅算是一种强矿震现象,既不是冲击矿压发生的充分条件,也不是必要条件。比如,当采掘空间远离断层、采掘空间围岩支护力度足够强、卸压强度足够充分时,断层的突然错动均不会造成冲击矿压。

(2) 断层型冲击矿压与天然构造地震存在相似的部分,但又存在本质上的区别。天然构造地震指地壳中的岩石突然断裂、错动引起的地面振动,往往由断层错动引起,而断层型冲击矿压不仅与断层直接或间接的参与作用有关,还受到采矿活动影响,尤其是与人为采矿活动形成的动载应力波扰动、采掘空间、顶板结构、煤柱等因素密切相关。因此,地震机理如扰动响应准则[21-22]、黏滑失稳机理[23]等在断层型冲击矿压解释中可起到一定的借鉴作用,但不能忽略采矿活动的影响。

(3)断层型冲击矿压影响范围广,破坏性更大。根据断层影响范围或控制规模,断层型冲击矿压可以分为两类[20]:一类是单个或多个工作面内部存在的局部小断层,该类断层型冲击矿压规模小,影响范围有限;另一类是采区或矿井边界甚至贯穿整个煤田的区域大断层,如义马 F16 逆冲大断层,该类断层型冲击矿压影响范围可达数个矿井,灾害频繁、规模巨大,甚至达到地震级别。目前国外断层型冲击矿压达到的最大里氏震级为 5 级,国内为 4 级,同时由于断层型冲击矿压的震源浅,波及地面,震中区烈度远高于同震级的天然地震,给矿区人民的生命和财产造成危害[12]。

(4)区域大断层往往距离采掘空间较远,传统的监测方法(钻屑、钻孔应力、电磁辐射、声发射、矿压、围岩变形监测等)已不再适应该尺度下的断层型冲击矿压监测,满足该监测尺度的微震监测方法仍需进一步发展创新技术。

(5)工作面开采临近断层时,断层型冲击矿压的强度和频度均增大;远离断层开采时,断层冲击频度减小,不过当工作面开采到一定程度后,如工作面开采至初次来压、见方位置时,发生断层型冲击矿压的可能性仍较大,其强度一般大于正常顶板初次来压、见方时的破坏强度,如甘肃宝积山煤矿 2013 年"7·18"冲击矿压事故。

(6)断层型冲击矿压比单一的顶板型、煤柱型冲击矿压更为复杂。断层的存在降低了顶板的承载强度及其结构的稳定性,断层的局部变形活化使得顶板与断层面接触处的边界条件发生改变,从而进一步促进顶板的变形和破断;反过来顶板的变形、破断等形成的静载应力场和动载应力波扰动,能改变断层接触面的应力状态,进而引起断层局部变形活化,甚至可能在断层接触面出现局部脱开、滑动、错位、张闭等非连续性变形现象;上述顶板与断层耦合作用最终作用于煤柱形成冲击矿压。

(7)断层型冲击矿压发生的过程非常短暂,持续时间几秒到十几秒,具有突发性。目前,大部分冲击矿压矿井已经安装了微震监测系统,通过该系统监测来看,冲击矿压持续的时间一般不超过 8 s。

上述 7 个特征使得断层型冲击矿压的研究面临着如下几个技术难题:① 断层附近开采时,顶板是如何垮落和运动?这主要包括断层的存在对顶板力学属性、应力边界等条件的改变,以及断层活化时释放的动载应力波对顶板的扰动作用。② 顶板的变形、破断以及破断后结构的失稳所引起的静载应力场变化和动载应力波释放是如何影响断层的稳定性? ③ 顶板与断层的耦合作用如何造成煤柱的破坏,进而诱发冲击矿压? ④ 煤柱的失稳与破坏反过来又是如何促进顶板的变形、破断以及断层活化? ⑤ 断层型冲击矿压是否存在前兆? 如何监测预警?

根据上述 5 个技术难题可抽象出以下 3 个关键科学问题:① 断层型冲击矿压动静载叠加诱发原理,这是监测和防治断层型冲击矿压的理论基础;② 断层型冲击矿压多尺度前兆信息识别,这是断层型冲击矿压监测的根本前提;③ 断层型冲击矿压微震多参量时空监测预警,这是现场微震监测技术的保障。这 3 个关键科学问题是断层型冲击矿压监测与防治工程实践的基础,是工程实践有效执行的保障。图 1-2 所示为断层型冲击矿压研究的主要科学与技术问题。

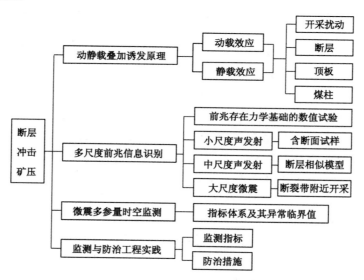

图 1-2　断层型冲击矿压研究的主要科学与技术问题

以上问题构成了本书的主要研究内容,它是断层型冲击矿压监测和防治的迫切需要,更是深部断层区域采矿、修建水电硐室、交通隧道等地下工程安全性的迫切需要。本书研究成果对于深部岩土工程断层型冲击矿压动力灾害机理的认识、监测预警及防治具有重要的科学意义和工程应用前景。

1.2　国内外研究现状

自世界上出现冲击矿压现象以来,国内外学者就在冲击矿压机理、监测预警及防治三个方面展开了大量研究,取得了大量成果,下面仅就本书涉及的相关研究进行简述。

1.2.1　冲击矿压机理研究

1.2.1.1　经典冲击矿压理论

经典冲击矿压理论是基于现象直观认识和实验研究总结获得,如强度理论[24-26]、刚度理论[27-31]、能量理论[32-33]、冲击倾向理论[34-40]、三准则[41]和变形系统失稳理论[42-45]等。近几年来,突变理论[46-53]、分形理论[54-57]、流变理论[58-59]、扩容理论[60]、损伤断裂力学理论[61-65]等在冲击矿压机理研究中也取得了长足进展。这些理论从不同角度揭示了冲击矿压发生的条件和机理,对指导煤岩动力灾害的实验研究和监测预警、防治及其工程实践发挥了重要作用。

1.2.1.2　冲击矿压动静载作用理论

据统计[4],我国煤矿发生冲击矿压的采深大部分在 400 m 以上。近年来,西部一些采深小于 400 m 的矿井也开始发生严重冲击矿压,如:神华新疆能源有限责任公司大洪沟煤矿采掘深度在 280~340 m,2009 年 9 月开始出现冲击矿压显现,至今已发生冲击显现近 10 次,造成巷道急剧变形,设备被掀翻,人员被掀倒;碱沟煤矿东一采区采深只有 240 m,2010 年 1 月 26 日也首次发生了冲击矿压,造成工作面突然断电和巷道中设备列车改道;铁厂沟煤矿 43 号煤层综放工作面采深 155 m,2011 年 3 月 24 日夹矸松动爆破诱发工作面冲击矿压事故,造成 1 人死亡;特别是 2010 年 10 月 8 日宽沟煤矿发生的冲击矿压事故,采深为 317 m,造成 4 人死亡,1 人重伤。可见,单纯考虑静载荷作用的冲击矿压理论已无法再满足工程的需要,冲击矿压的发生还应存在静载作用之外的动载扰动诱发机制,因此必须从动力学角度去研究冲击矿压机理。这种动载力源可以是开采活动、开挖快速卸荷、工程爆破或地震波、煤岩体对开采活动的应力响应等。

钱七虎院士认为[66]:"过去我们比较注重静力学研究,现在逐渐转入注重动力学来研究岩爆问题。而且,不仅从岩石材料方面考虑岩爆性质,更重要是从工程系统的角度讨论岩爆的现象,并且注意研究岩爆从静力学到动力学的全过程。"发生在河南义马千秋煤矿的冲击矿压事故也显示了动载扰动对冲击矿压的强烈触发作用:2011 年 11 月 3 日 19 点 18 分,义马发生 2.9 级地震,27 min 之后,千秋煤矿发生相当于 4 级地震的冲击矿压事故。事故调查分析表明,除去采掘布置的不合理因素,特厚顶板条件下高地应力和采动应力条件诱发事故的不确定因素估计不足之外,义马 2.9 级地震被认为是事故发生的直接诱因。

自 Zubelewicz et al.[67] 率先从动力学角度研究冲击矿压以来,国内外科研工作者做了大量研究并已基本达成共识:冲击矿压的本质是动力学问题。Cook[9] 对南非金矿的矿震监测表明,矿震产生的动载可诱发冲击矿压,但不是每次矿震都能诱发冲击。苗小虎 等[68] 提出了矿震诱发冲击矿压的震动破坏机制假设,认为矿震诱发冲击矿压是通过初始震源的震动破坏机制实现的,并且被诱发的冲击矿压震源处于各种耦合因素影响下的高应力区。Litwiniszyn[69] 提出了巷道平动冲击失稳理论,认为冲击矿压发生是由煤层中的大量弹性能在采动影响和外界扰动下瞬间释放导致。姜耀东 等[70] 发展了 Litwiniszyn 关于震动波诱发巷道动力失稳理论,通过建立一维模型揭示出爆破震动不仅增加了巷道围岩载荷,同时震动波的传播在围岩内产生了裂纹并在煤层和顶底板间诱发摩擦滑动,从而降低了围岩体的承载能力。唐春安 等[71-73] 采用 RFPA 数值试验软件对煤岩冲击动力失稳、岩爆的孕育过程进行了较好的分析。潘一山 等[74] 通过相似模拟试验和数字散斑观测方法研究认为,冲击载荷下巷道以顶板岩层拉剪破裂为主。张晓春 等[75] 应用数值模拟方法探讨了动载扰动下巷道围岩的稳定性和失稳判据。卢爱红 等[76],彭维红 等[77] 研究了应力波诱发冲击矿压的现象,指出冲击矿压是应力波作用下巷道围岩形成层裂结构及其失稳引起。徐学锋 等[78-79] 采用理论分析和数值模拟手段研究了动载应力波作用下巷道底板煤体的应力和位移等参数响应特征,揭示了动载扰动诱发巷道底板冲击的原因和显现过程。李利萍 等[80] 提出了超低摩擦型冲击矿压,认为冲击动载荷通过改变岩层接触界面的应力状态,特别是降低接触界面的法向荷载,产生岩体超低摩擦效应,如遇水平扰动,煤岩体将突然抛出诱发冲击矿压。李夕兵 等[81-83] 创立了冲击矿压的动静组合加载试验的学术思想,在实验室内模拟了岩体的初始高地应力条件,并突出研究了动载扰动条件下冲击矿压的诱发机制,做出了大量卓有成效的研究。潘俊锋 等[84] 提出了冲击矿压启动理论,认为静载是冲击矿压发生的内因,动载是外因,并给出了冲击启动的能量判据。左宇军 等[85] 在动静载组合冲击破岩方面,主要采用伺服材料试验机研究了动静组合作用下岩石的破坏特性,建立了岩石动静载组合作用的破坏准则。刘少虹 等[86-87] 研究了动静加载下组合煤岩的应力波传播机制与能量耗散,并建立了煤岩破坏失稳的突变模型和混沌机制,发现当组合系统本身的非线性作用与外部载荷的作用能力相当时,系统的演化进入混沌阶段。窦林名[88] 提出了冲击矿压的动静载叠加作用机理,指出煤岩体中静载应力与矿震形成的动载应力叠加大于煤岩体冲击破坏的临界应力时,可诱发冲击矿压。

1.2.1.3 断层型冲击矿压理论

作为一种特定类型的冲击矿压，上述理论的发展无疑推进了断层型冲击矿压理论的发展。同时，断层型冲击矿压与天然构造地震存在相似部分，即两者均与断层直接或间接的参与作用有关。也正是如此，目前提出的相关断层型冲击矿压理论大部分均为冲击矿压理论或地震理论的直接扩展和延伸，或者冲击矿压理论和地震理论两者的相结合，其中前者比较普遍，后者更为合理。如：潘岳等[51,89]提出的均匀围压和非均匀围压下断层型冲击矿压的折迭突变理论及模型，是冲击矿压突变理论的扩展延伸；王学滨[90-91]研究认为断层岩爆是应变局部化导致的系统失稳回跳，这是 Benioff[92]提出的地震弹性回跳理论的延伸扩展；潘一山 等[17]，齐庆新 等[44]，章梦涛[93]，代高飞 等[94]，郭晓强 等[95]，黄滚等[96]提出的冲击矿压黏滑失稳理论，正是 Brace et al.[23,97]于 1966 年首次提出的地震黏滑说的延伸；李志华 等[59]提出的断层型冲击矿压黏滑—黏弹脆性体突变模型，是冲击矿压流变理论[58]和地震黏滑理论[23]的结合；潘一山[12]提出的断层型冲击矿压发生的扰动响应判别准则，是断层地震孕震模型[21-22]和采动活动影响的结合。

断层型冲击矿压发生的扰动响应判别准则表明[12]，断层切应力的增大或正应力的减小是断层型冲击矿压发生的主要原因；同时断层带介质及其围岩力学属性的相互作用影响着断层型冲击矿压的发生。因此，扰动响应判别准则从定性的层面上很好地解释了断层失稳诱发冲击矿压的影响因素及其作用机制，这对理解断层活化型冲击（见第 2.1.2 节）无疑有着不可替代的作用。然而，扰动响应判别准则和上述介绍的其他断层型冲击矿压理论均忽略了影响断层型冲击矿压发生的另外两个基本对象——断层煤柱（冲击发生的载体）和顶板，尤其是顶板的结构效应。同时，上述理论对解释断层切应力和正应力产生的力源（如煤柱破坏，顶板变形、破断及其结构失稳等）、产生后作用于断层的力学机制还存在一定的距离。鉴于此，李振雷 等[98-99]最近提出了断层煤柱型冲击矿压机理，认为断层煤柱型冲击分为断层活化型冲击、煤柱破坏型冲击和耦合失稳型冲击。然而，该机理目前研究的深度对揭示断层型冲击矿压的动静载叠加作用机理还远远不够，需进一步完善和补充。

1.2.2 断层型冲击矿压动静载作用过程研究

1.2.2.1 采动影响下断层活化及其附近矿压显现规律

国内外学者紧紧围绕"开采活动如何引起断层活化"和"断层活化又如何影响采掘空间围岩应力状态"两大关键问题，采用现场观测和理论分析、相似模拟试验、数值模拟等手段，获得了大量研究成果，为深入认识断层型冲击矿压机理奠定了坚实的基础。

现场观测和理论分析方面,早在 1977 年,Michalski[100] 就发现当工作面距离断层 10～30 m 时,工作面冲击危险开始增加,并且在距离 18～26 m 时,冲击危险达到最大,同时工作面与断层之间煤柱上的弹性能积聚增加高达 40%。姜福兴 等[101] 研究巨厚砾岩与逆冲断层控制下特厚煤层工作面的冲击矿压致灾机理认为,煤层在叠加应力作用下发生塑性滑移并产生塑性膨胀,导致巷道围岩应力增加,最终在外部扰动应力作用下煤体发生瞬间大范围滑移形成冲击矿压。姜耀东 等[102],吕进国 等[19],姜福兴 等[103],Chen et al.[104],张明伟 等[105-106] 采用微震监测采动影响下的断层活化规律表明,断层对冲击矿压的作用存在一个临界范围,临界范围以外的微震频次和强度明显较低,进入临界范围内后微震频次及强度急剧上升,尤其是当微震事件在断层附近出现明显分区或成丛成条带分布时,说明断层附近在积聚应力,此时冲击危险性增加,可以作出预警。

相似模拟试验研究方面,彭苏萍 等[107],张宁博[108] 研究采动影响下顶板变形破坏和矿压分布规律发现,断层在采动影响下活化,其影响范围内的岩体破碎,表现为周期断裂步距小,冒落带高,顶板稳定性差;随着工作面至断层距离的减小,工作面支承压力的峰值位置向前转移;通过断层后,支承压力减小,并逐渐恢复至正常状态。李志华 等[109] 研究采动影响下断层滑移诱发煤岩体冲击的机理指出,工作面由断层下盘向断层推进时发生断层型冲击矿压的危险较高。吴基文 等[110] 研究断层带岩体采动效应发现,在煤层回采过程中,随着断层煤柱的减小,断层两盘表现出不同的采动响应特征,尤其是当煤柱减小到一定程度后,断层开始活化。王涛 等[20,111-112],姜耀东 等[113] 研究开采扰动下断层滑移过程中围岩应力分布及其演化规律发现,工作面开采临近断层时,其正应力和剪应力急剧增加,断层活化的可能性增加,反过来断层活化对工作面附近煤体产生非稳态的冲击和加卸载作用,最终导致冲击矿压发生。罗浩 等[114],王爱文 等[115] 研究义马耿村煤矿开采临近 F16 逆冲断层时的应力场演化规律表明,开采临近 F16 断层时,围岩应力集中程度增加,在断层上盘岩体水平推力、覆岩重力以及采空区岩层下滑力叠加作用下使得断层下盘以某一轴线发生扭转,从而增大冲击危险性。左建平 等[116] 在二维相似模型实验中利用经纬仪监测深部采动影响下断层活动的水平位移证实了断层发生滑移错动。勾攀峰 等[117] 研究断层影响回采巷道顶板岩层的运移特征发现,断层影响区域,巷道顶板岩层在水平方向上出现与断层倾向基本一致的垂直裂纹,在垂直方向上出现不均匀离层沉降。

数值模拟研究方面,Ji et al.[118] 研究工作面不同开采布局对断层的影响表明,工作面平行于断层走向推进的扰动影响要小于垂直于断层走向推进时产生的影响。Islam et al.[119] 采用边界元法模拟孟加拉 Barapukuria 煤矿整个采矿过程中采动引起断层活化的规律发现，开采扰动作用下断层及其附近围岩的变形以及应力场产生显著变化，且在断层的端部出现高应力集中。李志华等[14,120]，吕进国 等[13,121]分别采用 FLAC²ᴰ 和 FLAC³ᴰ 研究了断层要素、顶板物理力学属性对工作面支承压力的影响。结果表明，工作面在下盘临近断层开采时，顶板强度对支承压力影响最显著；在上盘临近断层开采时，断层倾角影响支承压力最为显著。姜耀东 等[122]，王涛 [20]采用 FLAC³ᴰ 模拟工作面从断层上盘和下盘向断层方向逐步回采的过程发现，相比于上盘开采，工作面在断层下盘开采时采动对断层的影响范围更为集中，活化危险性更高。罗浩 等[114]，吕进国 [13]采用 FLAC³ᴰ 模拟义马 F16 逆冲断层对工作面冲击矿压的影响规律表明，随着开采深度增加及工作面临进 F16 断层时，工作面冲击危险增大。张宁博[108]采用 3DEC 离散元软件模拟断层型冲击矿压表明，覆岩破坏对断层应力场具有扰动效应，且应力场变化是断层运动状态发生改变的直接原因；断层失稳前，开采扰动引起断层围岩系统积聚能量；断层失稳时，覆岩破坏、断层应力场变化和断层滑移之间相互作用并导致断层型冲击矿压。Chen et al.[104]通过现场观测和数值模拟系统研究断裂结构面对采煤工作面矿压分布和顶板稳定性的影响表明，当工作面推进到断层高应力集中区时，超前支承压力明显增大，其峰值位置向前方转移；当推进到断层低应力区时，支承压力峰值降低，顶板稳定性差。

1.2.2.2 断层活化的动静载触发过程研究

研究断层弱面的滑移活化过程对解释大量地质现象（如地震、滑坡等）有着非常重要的意义[123]。国际上关于断层活化的理论研究最早可追溯到 20 世纪 50 年代提出的 Wallace-Bott 假说[124-125]，该假说认为断层滑移活化沿区域应力张量的最大切应力分解方向发生。之后，Jaeger et al.[126]基于滑动摩擦阻力搭建了该假说的基础理论，认为剪切破裂面扩展形成后，剪切面上的黏结力消失，此时断层的活化准则为不考虑黏结力的 Mohr-Coulomb 准则，这些假设为采用震源机制或断层滑移数据评估应力场而设计的反演方法奠定了基础。上述理论和方法促进了断层滑移活化理论新学科[127-128]的发展，包括分析方法和工具的发展以及大量现场研究的应用[123,125-135]。

在断层滑移活化的摩擦实验及模拟研究方面，Brace et al.[23,97]基于实验室现象首次提出了地震黏滑说，该假说开创了地震机理研究的新纪元，认为断层上的正应力达到一定强度后，摩擦面的失稳不再是稳定滑动形式，而是一种伴随应力下降的失稳错动。刘力强 等[136]利用数字散斑测量、应变观测和声发射监测研究了断层的三维扩展过程，这对理解实际断层活化的作用过程具有重要意义。宋义敏 等[137]采用双轴加载方式进行直剪摩擦滑动实验表明，断层型冲击矿压的发生需要满足一定的侧向应力条件，当侧向压力较小时，断层发生稳滑，不会诱发冲击。马瑾 等[138]研究采用红外热像仪和接触式测温仪观测雁列断层失稳错动前后的热场变化过程发现,断层失稳前热场存在先降后升的变化模式。此外,他还通过实验证实了断层失稳前的加速协同化现象[139],该现象与文献[140]中的结果类似。马胜利 等[141]研究断层黏滑失稳的成核过程表明,均匀断层上黏滑的成核过程具有微弱的滑动弱化特征,其中小尺度弱段存在下的滑动弱化现象更明显,而大尺度弱段的存在表现出局部加速滑动现象。郭玲莉 等[142]探讨断层黏滑类型、应力降大小与震级的关系表明,黏滑型地震的应力降过程可能包含一次到多次高频振荡,并对应若干次黏滑子事件。崔永权 等[143]研究侧向应力扰动对断层摩擦的影响时发现,侧向应力的小幅度扰动能引起"低摩擦"现象的出现,并产生大幅度的应力降。黄元敏 等[144]研究剪切载荷扰动对断层摩擦影响的实验表明,恒定正应力或位移速率加载下,断层呈现出较为规则的黏滑;在剪切方向叠加位移扰动后,随着扰动振幅的增加,断层黏滑发生时间与扰动的相关性增大,黏滑应力降和时间间隔趋于离散分布。近两年,Sainoki et al.[145-148]在矿井尺度数值模型的基础上采用 FLAC³ᴰ二次开发研究了不同影响因素对断层滑移活化的影响,如断层活化可由断层滑移过程中断面瞬间张开导致粗糙度降低诱发。此外,还有大量关于断层活化数值模拟方面的研究,可参阅王学滨 等[149]近期发表的一篇综述。

　　以上是实验室实验和模拟的结果,自然界也存在不少实例,如,Hill et al.[150]在 1992 年 Landers 7.2 级地震引起的远程地震触发作用中,首次认识到地震既可以由于应力场的局部调整而触发(静态触发),也可以由于远处大震的面波通过而触发(动态触发),之后也得到广泛关注[151-154]。关于断层动态触发的机制和引起触发的条件,Perfettini et al.[155],Johnson et al.[156]认为触发作用主要由断层面接触状态变化引起。Gomberg et al.[157]研究发现振幅大于几个微应变的动态触发作用可以发生在距离很远的地方。

　　上述研究成果为解决前述第 1 个关键科学问题做出了大量贡献。国内外科研工作者对冲击矿压是动力学问题这一本质已达成共识;断层活化的动静载作用机理不管是在理论研究[23,151]、现场观测[150-158],还是实验研究[23,97,137-144]等方面均已逐步被大量学者所证实;采动影响下断层附近矿压显现规律的数值模拟及相似模型试验研究成果,很好地揭示了断层型冲击矿压的静载作用机理。整体上,当前冲击矿压的机理研究由早期的经典静力学理论[24-65]上升到了动力学[66-88]研究范畴;断层型冲击矿压的研究由早期单纯的地震学理论[17,44,51,89-91,93-96](以断层为研究对象)发展到考虑采动影响[100-122],再到如今开始考虑顶板与断层的耦合作用[20,98-99,108],不过上述研究仍停留在静载作用研究范畴,忽略了开采活动、开挖快速卸荷、工程爆破或地震波、煤岩体对开采活动的应力响应等形成的动载应力波在断层型冲击矿压中的作用。

综上所述,目前已有的断层型冲击矿压理论还不成体系,对断层型冲击矿压机理的解释还存在一定的局限性,如过分偏重地震理论,忽略采矿活动影响;或过分依赖经典的冲击矿压理论,对断层活化滑移机制研究不够深入;或忽略采矿活动形成的顶板和煤柱与自然存在的断层组成三要素引起的动静载效应对断层稳定性的影响等。此外,现有的断层型冲击矿压定义(井田范围内断层由于采矿活动而引起的突然相对错动并猛烈释放能量的一种现象),仅强调了断层的突然错动以及能量的猛烈释放,没有体现出冲击矿压发生的载体(采掘空间周围煤岩体)、地点及其显现形式。因此,进一步研究断层、顶板、煤柱三对象之间的动静载效应,对揭示和认识断层型冲击矿压的动静载作用机理,无疑具有重要的作用。

1.2.3　冲击矿压微震监测研究

目前,冲击矿压的监测方法主要分为四类:① 岩石力学法,主要为煤岩冲击倾向性测试[36],获知煤岩体固有的冲击倾向属性;② 经验类比及理论分析法[4],主要包括综合指数法、多因素耦合法、应力集中评价法、数值模拟法等,主要为冲击危险的早期预测,并通过早期的冲击危险评价划定危险区为工作面回采过程中的实时监测预警方案提供依据;③ 采矿方法,主要包括钻屑法[159]、煤岩体变形观测法、煤岩体应力测量法[160-161]、煤炮及矿震统计法、顶板来压预测法、工作面见方预测法等,实现冲击危险的实时监测预警;④ 地球物理方法,主要包括微震法[106,158]、电磁辐射法[162-163]、声发射法[164-165]、电荷感应法[166]等,通过连续记录煤岩体内出现的动力现象,实时监测冲击危险状态。其中,微震监测方法能够对全矿范围进行实时监测,是一种及时、区域性的监测方法,能够给出震动后的各种信息,具有不损伤煤岩体、劳动强度小、时间和空间连续等优点。该方法目前被公认为煤岩动力灾害监测最有效和最有发展潜力的监测方法之一[167-168]。

微震监测技术在国内外高地应力矿山中得到了广泛应用,已成为深部矿山地压研究和管理的常用手段[169]。南非、波兰、加拿大、日本和澳大利亚等国在矿山[170-173]、隧道[174]、地下油气储存室[175]等方面均取得显著的研究成果。我国学者结合微震监测技术,在采矿、水电和交通等领域进行了大量卓有成效的研究工作。如姜福兴 等[158]成功研制了 BMS 微震监测系统,并在兖州等矿区开展了顶板破裂高度、冲击矿压监测预警等应用研究;潘一山 等[176]研制了国内首台具有知识产权的千米尺度矿区矿震监测系统;窦林名 等[177]在 30 多个发生冲击矿压的矿井安装了 SOS 微震监测系统,成功预测了多次矿震和冲击矿压,大大降低了矿井可能造成的灾害;李庶林 等[178]在凡口铅锌矿建立了监测冲击矿压的 ESG 微震监测系统;唐礼忠 等[179]、刘建坡 等[180]分别在冬瓜山和红透山铜矿安装了监测岩爆灾害的 ISS 微震监测系统;陈炳瑞 等[181]结合声发射和微震监测技术对锦屏二级水电站深埋隧洞岩体损伤及岩爆问题进行了深入研究;徐奴文等[167-168,182]在锦屏二级水电站深埋隧洞群、锦屏一级水电站左岸边坡、大岗山水电站右岸边坡、唐山石人沟铁矿和淮南矿务局煤矿等进行了大量微震监测工作,开展了岩爆、冲击矿压、煤与瓦斯突出以及边坡失稳预警等动力灾害方面的研究。

　　基于微震监测技术,国内外学者在冲击矿压多尺度监测预警方面做了大量研究。如,刘建坡[183]在岩石破坏声发射试验研究的基础上,建立了基于微震多种参数的岩爆等矿山动力灾害预测方法;唐礼忠[184]根据岩石破坏与地震学理论及矿山监测数据分析,研究了部分定量地震学参数的时间序列及其岩爆前兆特征;夏永学 等[185]借助天然地震预测成果,优选了 5 个物理意义明确的预测指标,初步建立了冲击矿压预测方法。此外,研究成果还包括大量微震时序监测预报方法和指标[54,186-189],如能量和频次、b 值、η 值、$A(b)$ 值、$P(b)$ 值、时空扩散性、能量指数、视在应力、视在体积、最大剪切地震矩、分形维数等,以及基于微震事件分布提出的微震活动性空间演化[167]、微震能量空间演化[168,177]和应力等值线分布[190]等。

　　近年来,将层析成像技术和微震实时监测相结合[191-193]是冲击危险区域探测的最新发展方向,该技术很好地解决了冲击危险区域的探测评价问题。层析成像技术起源于 1895 年 Wilhelm Conrad Roentgen[194]对 X 射线的发现。后来,Radon[195]首次从理论上概括了层析成像的概念:物体的内部结构可以通过分析单一轴面激发的射线穿透被测物体至另一边界过程中不同部位能量的变化进行重构成像。随着科技的发展,第一台医学 CT 仪器于 1972 年诞生。到 1979年,科学家们将该技术应用于地球物理领域,即震动波层析成像技术(seismic tomography)[196]。根据反演利用的波形参数(到时和振幅)不同,震动波层析成像分为速度层析成像(velocity tomography)和衰减层析成像(attenuation tomography)[197-199]。另外,根据震源的来源不同,速度层析成像又分为主动和被动两种[200]。在井下煤矿开采中,主动震源一般由人工激发,包括炸药爆破[201-203]、锤击[204-205]、连续采煤机割煤引起的震动[206]等;被动震源一般采用自然发生的矿震[191-193,207-212]。

　　以上研究围绕冲击矿压小尺度煤岩样的声发射前兆信息识别以及大尺度矿山开采的微震监测及其前兆指标体系建立等方面展开了研究,无疑为第 2 个和第 3 个关键科学问题做出了贡献。然而,上述研究建立的指标体系往往过分强调单方面指标,如强度因子指标过多,空间因子指标很少,同时缺乏系统的力学理论基础指导;此外,目前专门针对断层型冲击矿压开展多尺度前兆信息识别及其微震监测预警方面的研究还很少,如前兆力学基础的数值试验、小尺度断面煤岩样的声发射前兆信息识别、中尺度断层相似模型的声发射前兆信息[108,213]和大尺度矿山开采扰动下断层活化的微震前兆信息特征[19,102-106],尤其是小尺度断面煤岩样的声发射前兆信息识别和断层型冲击矿压的微震多参量时空监测预警研究方面尚未见文献报道。

1.3　主要研究内容及方法

围绕"断层型冲击矿压的动静载叠加诱发原理及其监测预警"这一主题,本书综合采用理论分析、物理力学试验、相似模拟试验、数值试验与工程实践等手段,开展如下 4 个方面的研究,以期为断层型冲击矿压的监测与防治工程实践提供理论基础与支撑。

(1) 断层型冲击矿压的动静载叠加诱发原理研究

从断层型冲击矿压的概念出发,提出断层型冲击矿压动静载叠加作用机理的物理概念模型;然后,根据断层型冲击矿压的概念模型,采用力学模型建立、分析和数值仿真手段研究各模型中存在的动静载效应力学机理,具体包括断层活化的动静载作用机理、断层区域顶板变形破断过程的动静载作用机理和基于"砌体梁"结构动静载作用的断层煤柱应力分析。

基于 MTS 电液伺服材料实验机平台,采用应力监测、宏观破裂特征观测、声发射监测和数字照相量测等监测手段,研究静载作用下断面不同粗糙度、不同倾角、不同围岩强度物理力学试验过程中的宏观破裂显现、力学响应、位移响应、声发射响应特征,试图完善和补充断层型冲击矿压的静载作用机理,也为后述研究断层型冲击矿压小尺度前兆信息识别提供依据。

基于自主研发的冲击力可控式冲击矿压物理相似模拟平台,采用声发射、应力、数字照相等监测手段,研究动载应力波作用下断层面的破裂滑移显现、力学响应及声发射响应特征,试图揭示断层型冲击矿压的动载作用机理,也为后述研究断层型冲击矿压中尺度前兆信息识别补充数据。

(2) 断层型冲击矿压的多尺度前兆信息识别研究

基于自主建立的非均质应变损伤软化本构模型和 FLAC[3D] 二次开发平台,开展非均质煤岩材料单轴压缩实验过程中的声发射数值试验,从而揭示断层型冲击矿压前兆存在的力学基础;然后,分别从小尺度实验室标准煤岩样和中尺度相似材料模型的声发射试验以及大尺度矿山开采的微震监测角度,验证断层型冲击矿压前兆信息的存在,进而证明微震监测预警断层型冲击矿压的可行性。

（3）断层型冲击矿压的微震多参量时空监测预警研究

以断层型冲击矿压前兆存在的力学基础为指导,综合考虑多尺度条件下的声发射及微震多参量前兆信息,构建微震多参量时空监测预警体系,具体包括微震活动性多维信息、周围环境介质特性信息、变形能孕育过程信息、非线性混沌分形信息和震源机制—波形信息五类指标;通过详细介绍各指标参数的计算原理、物理意义、实际应用等,试图达到指导现场断层型冲击矿压监测的目的。

（4）断层型冲击矿压的监测与防治工程实践

基于断层型冲击矿压的动静载叠加诱发原理、多尺度前兆信息识别及其微震多参量时空监测预警理论,总结断层型冲击矿压的监测与防治思路;具体针对河南义马跃进煤矿和甘肃宝积山煤矿特殊的地质与开采技术条件,开展断层型冲击矿压的监测与防治技术应用,试图证实断层型冲击矿压动静载叠加诱发原理及其微震多参量时空监测预警理论的科学性。

2 断层型冲击矿压的动静载叠加作用机理

冲击矿压是井巷或工作面周围煤岩体由于弹性变形能的瞬时释放而产生突然剧烈破坏的动力现象,常伴有煤岩体抛出、巨响及气浪等现象[3]。它不仅能造成井巷破坏、人员伤亡、地面建筑物破坏,而且还会引起瓦斯爆炸、煤尘爆炸、火灾及水灾,干扰通风系统等,是煤矿重大灾害之一[4]。潘一山 等[17]指出,断层型冲击矿压是指井田范围内的断层由于采矿活动而引起的突然相对错动并猛烈释放能量的现象。

由冲击矿压的定义可以看出,冲击矿压发生的载体为井巷或工作面周围的煤岩体,地点为井巷或工作面等井下采掘空间,显现形式为巷道破坏、人员伤亡等,前提是人为开采活动。断层型冲击矿压作为一种特定类型的冲击矿压,首先应满足冲击矿压定义这一大前提,即一切存在断层影响作用的冲击矿压,不管是占主导作用,还是辅助诱发作用,统称为断层型冲击矿压。

根据第1章文献综述,目前断层型冲击矿压机理的研究主要表现在以下两个方面:仅考虑断层及其围岩为研究对象建立的相关力学模型、准则及实验,如扰动响应判别准则[12]、黏滑失稳模型[17,44,91-96]、黏滑—黏弹脆性体突变模型[59]、梯度塑性理论[90-91]、折迭突变模型[51,89]、断层黏滑过程实验[23,97,137-144]等;考虑采动效应与断层之间相互作用引起冲击矿压的数值模拟[107-117]、相似模拟[118-122]等。前者忽略了断层型冲击矿压发生时采掘空间赋存的另外两个基本对象,即断层煤柱[98-99]和顶板,尤其是顶板破断后的结构效应;后者可以说是仅考虑了采场围岩与断层之间的静载效应,忽略了人为开采活动引起的动载应力波对改变断层带介质力学属性、应力状态等方面的影响。

鉴于此,我们认为断层型冲击矿压应指断层附近的人为开采活动形成的井巷或工作面周围煤岩体在断层直接或间接参与作用下瞬间释放弹性变形能而产生突然剧烈破坏的动力现象。因此,本章首先提出了断层型冲击矿压的动静载叠加作用机理,即概括为"一个扰动,两种载荷,三个对象,四种类型";然后,分别以断层、顶板、煤柱三个对象为研究主体,重点分析了各对象之间动静载两种效应的力学作用机制,试图揭示断层型冲击矿压的动静载叠加作用机理。

2.1 断层型冲击矿压的动静载作用机理概念模型

2.1.1 断层型冲击矿压影响因素分析

（1）一个扰动

井下煤矿的一切响应，包括冲击矿压、巷道变形、顶板垮落、突水、煤与瓦斯突出等，均从人为开采活动扰动开始。可以说，若矿井不开采，冲击矿压将永不发生。具体针对断层型冲击矿压，如图 2-1 所示，开采活动的影响主要体现在以下几个方面：人类开采活动的进行，形成了井下采掘空间结构中的顶板和煤柱，没有人类的开采活动，顶板和煤柱将不存在；虽然地层中的断层自然存在，其形成与开采活动无关，但是没有开采活动影响的断层错动响应将属于地震研究的范畴；另外，开采活动引起的井下岩层结构变化、应力场重新分布，以及开采活动产生的各类动载源，都是断层型冲击矿压发生不可或缺的因素。综上所述，人为开采活动扰动是断层型冲击矿压发生的根本前提。

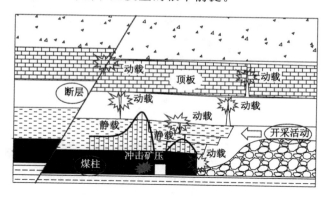

图 2-1 断层型冲击矿压示意图

（2）两种载荷

根据相关文献界定[2]，煤矿开采中的静载应力主要由原始地应力和采动支承应力组成；动载应力波的来源主要有开采活动、煤岩体对开采活动的应力响应等。具体表现为割煤、移架、机械振动、爆破、顶底板破断、煤体及顶板结构失稳、瓦斯突出、煤炮、断层滑移等，这些动载源统称为矿震。

（3）三个对象

如图 2-1 所示的断层附近采掘空间结构显示，整个系统包括顶板、断层和煤柱三个基本对象。其中断层是断层型冲击矿压发生的核心，即所有的断层型冲击矿压均与断层作用有关。煤柱是断层型冲击矿压发生的最终载体,为了区分此类煤柱与常规煤柱的差异,该类煤柱亦称之为断层煤柱,定义如下[98-99]:断层切割作用使煤岩体的物理力学性质及应力分布在断层面上产生变化,当采掘活动接近断层时便形成断层煤柱,如图 2-2 所示。当工作面推进方向平行于断层走向时,断层煤柱(A 类煤柱)位于断层和区段巷道之间;当工作面推进方向垂直于断层走向时,断层煤柱(B 类煤柱)位于断层和工作面之间。顶板是断层型冲击矿压中的一个过渡对象,其作用主要体现为:顶板的变形、破断及其"砌体梁"结构的失稳引起断层的局部变形活化;反过来断层的存在甚至活动促使顶板的变形、破断及其"砌体梁"结构的失稳,最终作用于煤柱诱发冲击矿压。当然,顶板的变形破断作用在断层不参与的情况下同样可以作用于煤柱并诱发冲击矿压,不过此类冲击矿压可由顶板型或煤柱型冲击矿压机理给出解释,不再属于断层型冲击矿压研究的范畴。

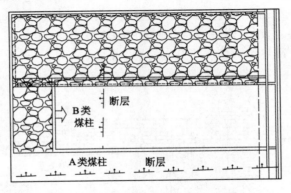

图 2-2　断层煤柱示意图

　　综上所述,断层型冲击矿压发生的"一个扰动,两种载荷,三个对象"之间的关系可由图 2-3 来描述。由图可知,人为开采活动形成顶板和断层煤柱,与自然存在的断层组成三个对象,在各环路存在的静载应力和动载应力波作用下,三对象相互影响和促进,最终导致煤柱的瞬间失稳与破坏,形成断层型冲击矿压,影响人类的开采活动,甚至伴随着井巷破坏和人员伤亡等。具体各环路中的动静效应描述如下:

　　●断层煤柱静载应力与采动应力叠加形成高静载。

　　●采动作用下静载为主的断层解锁活化动载与断层煤柱高静载叠加诱发解锁活化型断层冲击。

　　●顶板破断动载为主的断层超低摩擦活化动载与断层煤柱高静载叠加诱发超低摩擦型断层冲击。

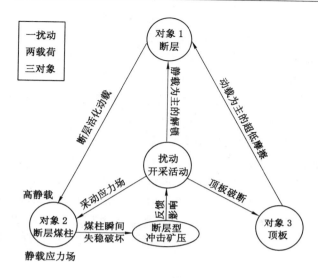

图 2-3　"一个扰动,两种载荷,三个对象"之间的关系

2.1.2　断层型冲击矿压的物理概念模型

冲击矿压的动静载叠加作用机理指出[88],煤岩体中静载应力与矿震形成的动载应力叠加大于煤岩体冲击破坏的临界应力时,可诱发冲击矿压,见式(2-1)。式中 σ_j 为煤岩体中静载应力,σ_d 为矿震在煤岩体中产生的动载应力,σ_{bmin} 为煤岩体发生冲击的临界应力。由式(2-1)可知,单一静载 σ_j 或者动载 σ_d 以及动静载叠加均可诱发冲击矿压。

$$\sigma_j + \sigma_d \geqslant \sigma_{bmin} \qquad (2\text{-}1)$$

断层型冲击矿压同样满足动静载叠加诱冲机理,具体根据断层型冲击矿压中两种载荷和三个对象所占主导作用的不同,断层型冲击矿压可归纳为如图2-4所示的四种概念模型。

(1) 模型 A:采掘活动远离断层。断层煤柱静载应力与采动应力互不影响,此时断层型冲击矿压发生的可能性较小,不过由于断层在漫长的地质构造活动中往往处于一种临界稳定状态,不排除开采活动引起的矿震动载触发断层的局部变形和瞬间错动而诱发冲击,如图 2-4(a)所示为跃进煤矿 2011 年"3·1"冲击事故[19]。

(2) 模型 B:垂直断层走向临近掘进或回采。断层煤柱静载应力与采动应力叠加形成高静载,同时采动应力呈水平采空侧卸载和竖直方向加载的特性,将必然引起断层应力场的局部调整而解锁活化,此时断层煤柱高静载与断层活化动载叠加诱发冲击,如图 2-4(b)所示为跃进煤矿 2011 年"12·3"冲击事故[106]。

(3)模型 C:平行断层走向掘进或回采。断层煤柱足够宽时,采动应力与断层煤柱静载应力互不影响,可与模型 A 等价;反之,采动应力与断层煤柱静载应力叠加形成高静载,此时采动应力扰动有限,尤其是在掘进期间几乎固定不变,不再改变断层应力场,因此需要借助如煤岩、顶板破裂产生的矿震动载触发断层活化才能诱发冲击,如图 2-4(c)所示为千秋煤矿 2011 年"11·3"冲击事故。

(4)模型 D:垂直断层走向远离掘进或回采。断层煤柱足够宽时,采动应力与断层煤柱静载应力互不影响,此时与模型 A 类似;反之,随着工作面的开采,上覆岩层弯曲下沉,断层煤柱上的采动应力呈水平采空侧完全卸载和竖直方向加载的特性,并与断层煤柱静载应力叠加形成高静载,此时容易引起断层应力场的局部调整而解锁活化,再加上顶板初次破断时产生的矿震动载叠加作用,更易诱发断层冲击,如图 2-4(d)所示为甘肃宝积山煤矿 2013 年"7·18"冲击事故。

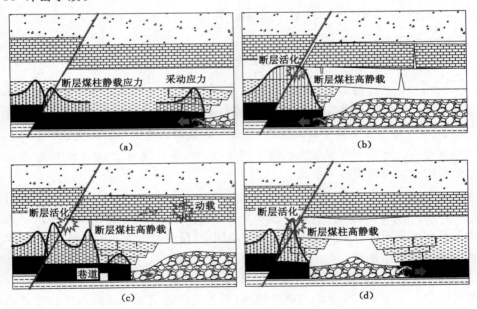

图 2-4　断层型冲击矿压的动静载叠加作用机理概念模型

(a)模型 A:采掘活动远离断层——断层静载应力和采动应力互不影响;

(b)模型 B:垂直断层走向临近掘进或回采——采动应力为主的断层活化型诱冲;

(c)模型 C:平行断层走向掘进或回采——矿震动载为主的断层活化型诱冲;

(d)模型 D:垂直断层走向远离掘进或回采——采动应力为主的断层活化型诱冲

综上所述,断层型冲击矿压是由断层煤柱高静载和断层活化动载叠加诱发,其中断层煤柱高静载是由断层煤柱静载应力与采动应力叠加形成,断层活化动载可分别由以采动应力为主和以矿震动载为主的两种形式引起。

2.2　断层活化的动静载作用机理

以断层型冲击矿压三对象中的断层为研究主体,如图 2-5(a)所示为 Anderson 断裂机制[214]描述的地壳中普遍存在的正、逆、平移三种断层,各自分别对应的应力状态如图 2-5(a)所示,图中 σ_1、σ_2、σ_3 为主应力。在煤矿开采中,前两种断层比较常见,因此进一步以正、逆断层为研究对象,取断层面处一微小单元建立断层平面力学模型,如图 2-5(b)所示。图中:σ_1 和 σ_3 可以互换,分别表示正断层和逆断层;σ_{yy}、σ_{xy} 分别为断层面上的正应力和切应力;σ_R 为作用在断层面上的合应力;δ、φ_f 分别表示断层倾角(断层面外法线方向朝 σ_1 方向逆时针转动的角度)和断层摩擦角,φ_o 表示断层面上正应力 σ_{yy} 与合应力 σ_R 之间的夹角。

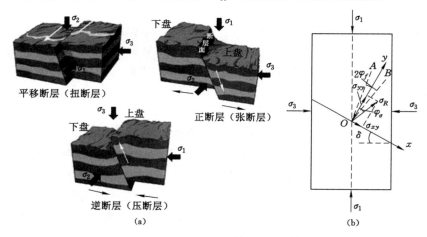

图 2-5　断层分类及其力学分析模型
(a)断层分类及其受力状态;(b)断层平面力学模型

2.2.1　静载应力场作用下的断层活化准则

如图 2-5(b)所示,断层面上的正应力和切应力可表述为:

$$\sigma_{yy} = \frac{\sigma_1 + \sigma_3}{2} + \frac{\sigma_1 - \sigma_3}{2}\cos 2\delta \qquad (2\text{-}2)$$

$$\sigma_{xy} = \frac{\sigma_1 - \sigma_3}{2}\sin 2\delta \qquad (2\text{-}3)$$

根据 Coulomb 摩擦定律[215]，任一弱面（或断层面）均存在一极限剪切强度：

$$\tau_f = \sigma_{yy} \cdot \tan \varphi_f + c \qquad (2\text{-}4)$$

式中　c——断层黏结力。

将式(2-2)代入式(2-4)，并令 $\tau_f = \sigma_{xy}$，即可获得断层活化滑移的判别准则：

$$(\sigma_1 - \sigma_3)_{\text{slip}} = \frac{2(c + \sigma_3 \tan \varphi_f)}{(1 - \tan \varphi_f \cot \delta)\sin 2\delta} \qquad (2\text{-}5)$$

在式(2-5)中，当 $\delta = 90°$ 或 $\delta \to \varphi_f$ 时，$\sigma_1 - \sigma_3 \to \infty$。故得：

$$\varphi_f < \delta < 90° \qquad (2\text{-}6)$$

将式(2-5)对 δ 取一阶导数，然后令其为零，得：

$$\tan 2\delta = -\cot \varphi_f，即 \delta = 45° + \frac{\varphi_f}{2} \qquad (2\text{-}7)$$

由此可得：

$$(\sigma_1 - \sigma_3)_{\text{slip-min}} = 2(c + \sigma_3 \tan \varphi_f)\left[(1 + \tan^2 \varphi_f)^{\frac{1}{2}} + \tan \varphi_f\right] \qquad (2\text{-}8)$$

为了探究断层面滑移判别准则中应力随断层面倾角的分布规律，将式(2-5)数值化，如图 2-6 所示，其中 $\varphi_f = 30°$，$c = 6$ MPa。图 2-6 中水平线代表岩石破坏的迹线，它与沿断层破坏的曲线相交于 a、b 两点。由此可知，在 a、b 两点之间岩体沿断层面破坏，在此两点之外，岩体破坏只能通过岩石破坏；同时，a、b 两点之间对应的断面滑移准则曲线以 $\delta = 45° + \varphi_f/2$ 对称，因此，第 3 章中试验研究不同倾角断面滑移规律时仅考虑了对称曲线中的一半，同时为了便于断面试样加工，最终选取了对称曲线左半部分对应的倾角作为研究范围，即断面倾角 δ 小于 $45°$，于是第 3 章试验中得出的有关断面倾角影响方面的结论仅针对 $\delta < 45° + \varphi_f/2$，至于 $\delta > 45° + \varphi_f/2$ 时的结论正好相反。此外图 2-6 还表明，实验中施加的围压 σ_3 越大，a、b 两点之间的宽度越窄，曲线波谷越高，即适合断层滑移准则的断层倾角范围越小，满足准则所需施加的外部应力越大，说明围压越大，岩体破坏越不容易沿断层面滑移，即断面摩擦强度越大。

根据岩体破坏现象及第 3 章试验观测，破坏面或破坏带产生的位置有三种类型：第一种是破坏面沿断层面破坏滑移；第二种是在完整岩块内破坏；第三种是沿断层面破坏滑移，同时也在岩块内破坏。其中第三种是较为常见的破坏现象。

当断层面上黏结力 $c = 0$ 时，断层面的抗剪强度靠摩擦力来维持，在 Coulomb 判据上描述为 $|\sigma_{xy}/\sigma_{yy}| \leqslant \tan \varphi_f$。若令侧向围压应力为轴向加载应力的 λ 倍（侧压系数），即 $\sigma_3 = \lambda \sigma_1$，同时将 $c = 0$ 代入式(2-5)，可得：

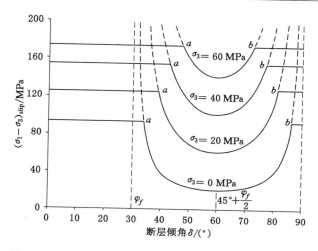

图 2-6　断层滑移判别准则中主应力差随断层倾角的变化

$$\tan \varphi_f = \frac{(1-\lambda)\sin 2\delta}{(1+\lambda)+(1-\lambda)\cos 2\delta} \tag{2-9}$$

根据摩擦自锁理论,当断层面合应力 σ_R 落在断层摩擦角形成的锥形区域[图 2-5(b)中 AOB 区域]之内,断层上下盘不产生相对错动而形成闭锁;反之,断层解锁滑移,上下盘产生相对错动。规定:自断层面外法线逆时针转动的倾角为正,反之为负。则模型中的力学关系为:

$$\tan \varphi_\sigma = -\frac{\sigma_{xy}}{\sigma_{yy}} = -\frac{(1-\lambda)\sin 2\delta}{(1+\lambda)+(1-\lambda)\cos 2\delta} \tag{2-10}$$

很明显,断层面上黏结力 $c=0$ 时的 Coulomb 判据式(2-9)和摩擦自锁理论上的判据式(2-10)完全一致。于是,得出断层闭锁条件为:

$$|\tan \varphi_\sigma| \leqslant \tan \varphi_f \tag{2-11}$$

断层解锁条件为:

$$|\tan \varphi_\sigma| > \tan \varphi_f \tag{2-12}$$

另外,需要指出的是,当 $\tan \varphi_\sigma$ 数值为正时,表示合应力 σ_R 为如图 2-5(b)所示方向。因此断层解锁模式又具体分为:① $\tan \varphi_\sigma > \tan \varphi_f$,断层向上解锁滑移;② $\tan \varphi_\sigma < -\tan \varphi_f$,断层向下解锁滑移。

根据式(2-10)可得到 $\tan \varphi_\sigma$ 随 λ 和 δ 的变化曲线如图 2-7 所示。由图可知,断层能否解锁与断层面摩擦角 φ_f,断层倾角 δ 以及侧压系数 λ 有关。进一步分析得出如下结论:

(1) 当 $\lambda=1$ 即 $\sigma_1 - \sigma_3 = 0$(或 $\delta=0°$,此时 $\sigma_{xy}=0$)时,$\tan \varphi_\sigma$ 等于 0,断层闭锁。

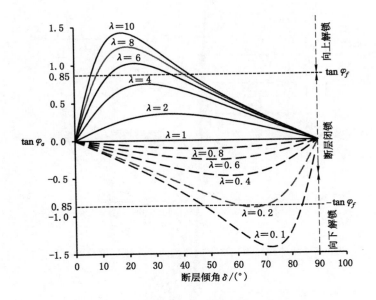

图 2-7　断层解锁与闭锁力学关系

（2）$\lambda > 1$ 为断层发生向上解锁滑移的必要条件，即断层发生向上解锁滑移时，λ 必大于 1；而当 $\lambda > 1$ 时，还需满足 $\tan\varphi_\sigma > \tan\varphi_f$ 条件时才能向上解锁滑移。

（3）$0 \leqslant \lambda < 1$ 为断层发生向下解锁滑移的必要条件，即断层发生向下解锁滑移时，λ 必小于 1；而当 $\lambda < 1$ 时，还需满足 $\tan\varphi_\sigma < -\tan\varphi_f$ 条件时才能向下解锁滑移。

（4）当 $\lambda = 0$，即 $\sigma_3 = 0$ 时，断层摩擦试验即为单轴加载试验，由式（2-10）可得 $\tan\varphi_\sigma = -\tan\delta$，曲线特征为正切函数曲线特征。这种情况下，$\tan\varphi_\sigma$ 不可能大于 $\tan\varphi_f$，即不可能发生上行解锁滑移。只有当 $\tan\varphi_\sigma < -\tan\varphi_f$，即 $\delta > \varphi_f$，断层才发生下行解锁滑移，这与式（2-6）描述一致。

（5）当 $\lambda \to \infty$，即侧向应力远大于轴向加载应力（或垂向加载应力为 0）时，由式（2-10）可得 $\lim\limits_{\lambda\to\infty}\tan\varphi_\sigma = \cot\delta$。该情况下，$\tan\varphi_\sigma$ 不可能小于 $-\tan\varphi_f$，即不可能发生下行解锁滑移。只有当 $\tan\varphi_\sigma > \tan\varphi_f$，即 $\delta < 90° - \varphi_f$ 时，断层才发生上行解锁滑移。极端情况下，当 $\delta = 0°$ 时，$\lim\limits_{\lambda\to\infty}\tan\varphi_\sigma = \cot\delta \to \infty$，断层必定发生解锁滑移。

（6）当 λ 值一定时，$\tan\varphi_\sigma$ 曲线为具有极大值的单峰曲线，若曲线极值落在断层闭锁区内，则无论断层倾角 δ 如何变化均不能解锁滑移；若曲线极值落在断层闭锁区外,则存在一临界最大最小的 δ 区间满足断层解锁滑移条件,这与图2-6 描述的现象一致。

(7) 当 φ_f 和 λ 值一定时,断层解锁对应的 δ 值范围一定;随着 λ 值的增大,上行解锁对应的 δ 值范围增大,即临界最大值增大临界最小值减小,下行解锁对应的 δ 值范围减小。

(8) 当 λ 和 δ 值一定时,φ_f 减小,即摩擦系数降低,断层解锁可能性越大。

(9) 当 φ_f 和 δ 值一定时,断层解锁对应一上下临界的 λ 值,当 λ 值越过该临界值时,断层解锁。

推广应用分析如下:

(1) 上述分析表明,断层摩擦强度 $\tan \varphi_f$ 降低或者水平应力与垂直应力相差较大容易导致断层解锁滑移;若断层倾角较小,则断层较容易上行解锁,反之,断层较容易下行解锁。

(2) 采掘扰动可造成断层面填充物和闭锁段产生急剧剪切、压缩、膨胀甚至破碎,使闭锁段的摩擦强度降低,可导致大范围的断层错动;巷道布置方式直接影响垂直应力集中程度,巷道支护强度影响水平侧向应力,两者均能影响其值。因此,进行采煤作业时应合理布置巷道、设计巷道支护强度,避免出现水平应力与垂直应力比值过大或者过小的情况,考虑采掘对断层摩擦强度的影响,以便减弱断层活化程度。

(3) 针对模型分析结果(图2-6 所示),当断层倾角 $\delta \rightarrow 90°$ 和 $0° < \delta < \varphi_f$ 时,断层将闭锁,因此,在一定 σ_3 值的作用下,岩石破坏时的峰值强度一定由其他某种力学机制控制,可以肯定的是岩石的破坏将不再沿着断层面的方向滑移破坏。后述第 3 章试验结果表明,当断层倾角较小时,试样的破坏面沿着断层面法线方向扩展,即称之为"等效劈裂破坏";另外,破坏时的峰值也不再是一定值,而是随着断层倾角的增大而减小。

2.2.2 动载应力波扰动作用下的断层超低摩擦效应

岩体超低摩擦效应理论指出[216-217],当动力冲量作用于岩块介质时,由于岩块介质的振动使得岩块间相对压紧程度随时间变化,在某个量级上岩块间的摩擦力大大降低(甚至降低达数倍),存在摩擦"消失"效应。近年来,大量学者从理论与数值计算[218-224]、物理实验[225-230]等角度验证了岩体界面超低摩擦现象的存在。因此,深部岩体在动力冲量作用下产生超低摩擦现象已成为一种共识。

崔永权 等[143]实验研究侧向应力扰动对断层摩擦的影响时发现,侧向应力的小幅度扰动能引起"低摩擦"现象的出现,并产生大幅度的应力降。马瑾[231]通过总结实验室研究结果和野外地震观测实例指出,地震既可以由应力场的局部调整(静态)触发,也可以由远处大震的面波通过而(动态)触发。因此,应力波扰动作用下的断层是否也会出现超低摩擦效应?这一点应该是肯定的。

为了说明问题,令断层活化滑移判别准则式(2-5)中的各参数为:$\sigma_3 = 5 + 20\sin 2t$,断层黏结力 $c = 6$ MPa,断层倾角 $\delta = 60°$,断层摩擦角 $\varphi_f = 30°$,于是得到如图 2-8 所示应力波扰动作用下的断层活化滑移判别准则曲线。由图可知,侧向应力波扰动作用下的断层活化滑移判别曲线随时间呈周期性波动变化,其周期与输入的应力波周期一致。在每一个波动周期内包含 1 个波峰和 1 个波谷,并分别对应于输入应力波的波峰和波谷。当处于波峰时,断层活化判别值达到最大,即断层两盘之间的压紧程度最大;反之,当处于波谷时,断层的张开程度最大。尤其是当 $(\sigma_1 - \sigma_3)_{slip} = 0$ 时,为断层面接触的临界状态,此时断层面的摩擦强度趋近于零。可以判断,当 $(\sigma_1 - \sigma_3)_{slip} \leq 0$ 时,断层面承受拉应力,相对压紧程度消失,断层面上的摩擦力达到超低,从而产生断层超低摩擦效应,此时任意微小的断层切应力值便可破坏断层—围岩系统的平衡,引起断层的活化失稳,最终诱发断层型冲击矿压。

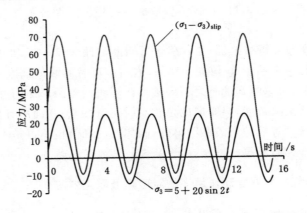

图 2-8　应力波作用下的断层活化滑移判别准则曲线

以上分析了侧向应力波扰动 $\sigma_3 = 5 + 20\sin 2t$ 对断层活化滑移失稳的影响,需要分析 σ_1 方向的应力波扰动对断层的稳定性影响。首先,从表达形式上[见式(2-5)]可以明显看出,断层活化失稳准则 $(\sigma_1 - \sigma_3)_{slip}$ 与 σ_1 无关,由此可初步判断,σ_3 方向的应力波扰动对断层活化失稳的影响比 σ_1 方向的应力波扰动应更为显著。至于两者对断层稳定影响的显著程度如何,我们可以利用图2-9所示的 Mohr 应力圆及其破坏准则包络线来说明。由图可见,要使应力状态处于 Mohr

圆①的断层发生失稳需要改变其应力大小，使之与破坏准则包络线交切。其途径既可以是使断层切应力增大至 Mohr 圆②，也可以是使其法向应力减小至 Mohr 圆③。从数值大小上看，应力变化量$|+\Delta\sigma|$要明显大于$|-\Delta\sigma|$；从力学条件上看，切应力的增强需要周围地区对断层区域输入能量，而法向张应力可以在一瞬间使之左移到破裂准则线，如剪切熔融[232]、孔隙液体增压[233]、断层面法向振动[234]、声场液态化[235]、弹性流体动力润滑[236]等方法，由此可见，后者比前者更容易实现。

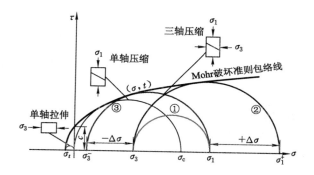

图 2-9　Mohr 应力圆及其破坏准则包络线

为了进一步研究σ_1和σ_3的扰动作用对断层活化失稳的影响，采用 Delphi 编程语言开发了动静载叠加扰动作用下断层超低摩擦效应的数值仿真平台，如图 2-10(a)所示，该平台基于的理论公式见式(2-13)，其仿真计算流程如图 2-10(b)所示。

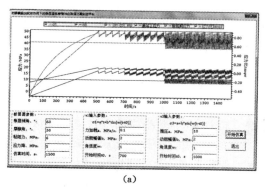

(a)

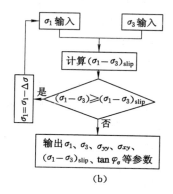

(b)

图 2-10　动静载叠加扰动作用下的断层超低摩擦效应数值仿真平台及其运算流程
(a) 仿真平台；(b) 运算流程

$$\begin{cases} \sigma_1 = \begin{cases} a_1 t, t < t_{10} \\ a_1 t + b_1 \sin[\omega_1(t - t_{10})], t \geqslant t_{10} \end{cases} \\[3mm] \sigma_3 = \begin{cases} a_3, t < t_{30} \\ a_3 + b_3 \sin[\omega_3(t - t_{30})], t \geqslant t_{30} \end{cases} \\[3mm] \sigma_{yy} = \dfrac{\sigma_1 + \sigma_3}{2} + \dfrac{\sigma_1 - \sigma_3}{2} \cos 2\delta \\[3mm] \sigma_{xy} = \dfrac{\sigma_1 - \sigma_3}{2} \sin 2\delta \\[3mm] \tan \varphi_\sigma = \dfrac{\sigma_{xy}}{\sigma_{yy}} \\[3mm] (\sigma_1 - \sigma_3)_{slip} = \dfrac{2(c + \sigma_3 \tan \varphi_f)}{(1 - \tan \varphi_f \cot \delta) \sin 2\delta} \\[3mm] \text{若} (\sigma_1 - \sigma_3) \geqslant (\sigma_1 - \sigma_3)_{slip}, \text{则} \sigma_1 = \sigma_1 - \Delta\sigma \end{cases} \tag{2-13}$$

式中　a_1——应力加载速度，MPa/s；

　　　a_3——围压应力，MPa；

　　　t——加载时间；

　　　b_1, b_3——σ_1 和 σ_3 方向输入的动载应力波幅值，MPa；

　　　ω_1, ω_3——σ_1 和 σ_3 方向输入的动载应力波角速度，rad/s；

　　　t_{10}, t_{30}——σ_1 和 σ_3 方向开始输入应力波扰动的时间，s；

　　　$\Delta\sigma$——断层活化失稳时释放的应力降，并假设只作用于 σ_1 方向；其余参数意义同上文。

　　利用上述仿真平台试验了双轴应力波扰动作用下的断层超低摩擦效应，如图 2-11 所示，图中左上角为双轴实验加载示意图，整个实验过程分为 3 个阶段（如图中底部描述）：第 1 阶段，在 σ_3 方向保持压力常数 5 MPa，σ_1 方向施加一应力速度 0.1 MPa/s；第 2 阶段，在 σ_3 方向压力保持不变下，于 700 s 时刻在 σ_1 方向叠加一正弦应力波 $10\sin(0.1t)$；第 3 阶段，在上述加载条件不变的情况下，于 1 000 s 时刻继续在 σ_3 方向叠加一正弦应力波 $10\sin(0.1t)$ 扰动。

　　研究结果表明[237]，断层面上的应力比 $\tan \varphi_\sigma$ 参数与断层面摩擦系数 $\tan \varphi_f$ 密切相关，其中 $\tan \varphi_f$ 由摩擦面状况、接触时间、滑动距离等决定，而 $\tan \varphi_\sigma$ 由加载方式决定。结合图 2-11 仿真实验结果可知，第 1 阶段 σ_1 呈线性增加，当应力达到一定水平后，σ_1 和 $\tan \varphi_\sigma$ 出现周期性降低，发生周期性的黏滑失稳，即稳态失稳；第 2 阶段在 σ_1 方向上附加一周期性扰动，此时黏滑应力降略有增加，但仍然保持准周期性的扰动失稳，$\tan \varphi_\sigma$ 曲线出现轻微的扰动，称之为轻微扰动失稳阶段；第 3 阶段在 σ_3 方向上叠加同一周期性扰动，这一阶段 $\tan \varphi_\sigma$ 曲线出现多次突然上升和下降，同时黏滑应力降急剧增大，呈现出动态失稳特性，并且局

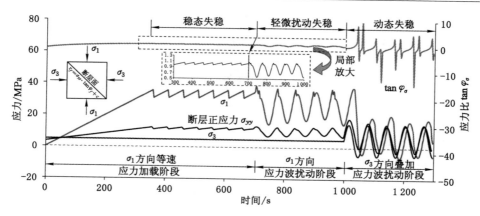

图 2-11　断层超低摩擦效应的数值仿真实验

部的突变失稳均发生在 σ_3 方向应力波扰动的波谷附近(此时 σ_3 方向的扰动达到最大拉伸状态,断层法向正应力较小,两盘之间出现最大的"剥离"状态,这时断层面上微小的剪应力便可引起断层的滑移失稳)。由此可见,动载应力波扰动(第 2 阶段和第 3 阶段)对断层稳定性的影响比准静态应力加载(第 1 阶段)明显;其中,动载应力波扰动影响中, σ_3 方向的应力波扰动(第 3 阶段)又要比 σ_1 方向的应力波扰动(第 2 阶段)更为显著。

综上所述,断层法向上的应力波扰动虽然很小,但可以改变断层的受力状态及其活动进程,尤其是降低断层的摩擦强度,甚至产生超低摩擦效应,不仅更容易触发断层滑移失稳,而且可能触发比预期应力降更大的错动。因此,动载应力波扰动作用下的断层超低摩擦效应在诱发断层型冲击矿压中的作用不容忽视。

国内外实测资料统计表明[238],浅层地壳中平均水平应力普遍大于垂直应力,其比值一般为 0.5～5.5,大部分在 0.8～1.5 之间。Byerlee 摩擦定律指出[239],当地壳上部的正向应力小于 200 MPa 时,层面摩擦系数为 0.85。由静载作用下的断层活化准则可知(如图 2-7 所示),当侧压系数 $\lambda=0.8\sim1.5$ 和摩擦系数 $\tan \varphi_f=0.85$ 时,断层处于闭锁状态。因此,实际情况中大部分断层在静载作用下处于非活化闭锁状态,然而为什么实际煤矿开采过程中的断层活动非常频繁呢?究其原因,静载作用下断层闭锁时,岩石的破坏虽然将不再沿断层面活化滑移,但是当断层面上的摩擦应力大于断层面围岩的抗拉强度时将会产生另一种破坏形式,即第 3 章物理力学试验揭示的"等效劈裂破坏"现象;同时,采掘活动扰动会诱发各类动载源,动载作用下的断层极易产生超低摩擦效应,包括瞬间降低断层活化滑移的临界数值,甚至达到超低(如图 2-8 所示),以及动态改变应力比 $\tan \varphi_\sigma$ 的数值(如图 2-11 所示),使其瞬间超过摩擦系数 $\tan \varphi_f$。因此,煤矿采掘过程中断层附近微破裂活动频繁的力学作用机制是静载作用下断层面围岩的等效劈裂破坏和动载作用下断层面超低摩擦效应下的断层活化。

2.3 断层区域顶板变形破断过程的动静载作用机理

以断层型冲击矿压三对象中的顶板为研究主体，其赋存分为临近断层开采和远离断层开采时两种不同的形态，如图 2-12 所示。

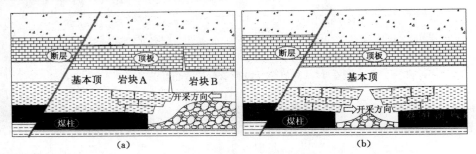

图 2-12 断层附近开采时的顶板赋存形态

（a）临近断层开采时的顶板赋存形态；（b）远离断层开采时的顶板赋存形态

2.3.1 临近断层回采时的动静载扰动效应

如图 2-12(a)所示，假设基本顶为单一岩层的弹性介质，并认为近似地满足 Winkler 弹性地基梁[238]。将基本顶简化为图2-13所示的力学分析模型，图 2-13(a) 为断裂前的受力形式；图 2-13(b)为断裂后的受力形式；M_0、Q_0、N 为与工作面煤壁位置（$x=0$）对应的梁截面内力；L 为基本顶在工作面上方悬伸段 A 的长度；N' 与 Q' 为已经断裂后的岩块 B 对悬伸段 A 的作用力；F 为支架和煤柱的支撑力；p 为悬伸段 A 所受的分布载荷。

基本顶断裂后，M_0 降为零，期间释放的动载应力波将对附近的断层产生影响，具体分析见第 2.2.2 节，下面分析顶板断裂时岩体内静载应力场变化的力学机制。

经推导[238]，基本顶断裂前竖向位移 y 和弯矩 M 的表达式为：

$$\begin{cases} y = e^{-\alpha x}\left[\dfrac{rM_0 + 2\alpha Q_0}{EIr(r-s)}\cos\beta x - \dfrac{2\alpha rM_0 + sQ_0}{2EIr(r-s)\beta}\sin\beta x\right] \\ M = e^{-\alpha x}\left[M_0\cos\beta x + \dfrac{\alpha(r+s)M_0 + rQ_0}{(r-s)\beta}\sin\beta x\right] \end{cases} \quad (2\text{-}14)$$

以及基本顶断裂后竖向位移 y_F 和弯矩 M_F 的表达式为：

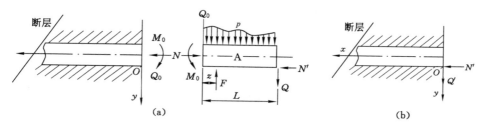

图 2-13 基本顶 A 断裂前后的力学模型

(a) 断裂前；(b) 断裂后

$$\begin{cases} y_F = \mathrm{e}^{-\alpha x}\left[\dfrac{2\alpha Q'}{EIr(r-s)}\cos\beta x + \dfrac{sQ'}{2EIr(r-s)\beta}\sin\beta x\right] \\ M_F = \mathrm{e}^{-\alpha x}\left[\dfrac{rQ'}{(r-s)\beta}\sin\beta x\right] \end{cases} \qquad (2\text{-}15)$$

式中　　EI——抗弯刚度；

$s=N/EI$；

$r=\sqrt{k/EI}$，k 为 Winkler 地基系数，与上下夹支的软岩层的厚度及力学性质有关；

$\alpha=\sqrt{r/2-s/4}$；

$\beta=\sqrt{r/2+s/4}$。

根据文献给出的算例[238]，如图 2-14 所示为基本顶断裂前后的弯矩及竖向位移变化曲线。由图可知，基本顶断裂后在一定区域内出现"反弹"现象，而在一些区域则出现"压缩"现象。若断层处于"反弹"区，断层上的正应力将由于基本顶岩层的"反弹"而减弱；当断层处于"压缩"区时，断层所受的剪应力将增强。由于断层所受切应力的增大或正应力的减少，均可造成应力比参数 $\tan\varphi_{\sigma}$ 的增大，均有助于断层的滑移失稳，因此，无论断层是处在"反弹"区，还是"压缩"区，断层的稳定性都将受到影响，尤其是处于"反弹"区时，这种影响将更显著。对于临近断层回采形态，工作面前方的断层逐渐进入"反弹"区，此时断层正应力减小，断层容易活化。

2.3.2　远离断层回采时的动静载扰动效应

（1）断层煤柱丧失承载能力时

对于远离断层开采的情况，如图 2-12(b)所示，当预留的断层煤柱较小，极端情况下不存在，此时断层煤柱完全丧失承载能力或不存在。由此可建立如图 2-15 所示远离断层开采时的顶板结构破坏力学分析模型，图 2-15(b)表示工作

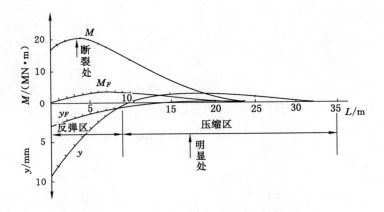

图 2-14　基本顶断裂前后的弯矩与竖向位移变化

面在断层下盘开采时的力学模型,图 2-15(c)表示工作面在断层上盘开采时的力学模型。对于图 2-15(b),由于 B 盘变形量比 A 盘大,因此 A、B 盘互不约束,此时将断层边界当作自由边界处理;对于图 2-15(c)则相反,B 盘垂直方向的变形受到 A 盘的约束,因此断层边界可作为简支边界处理。

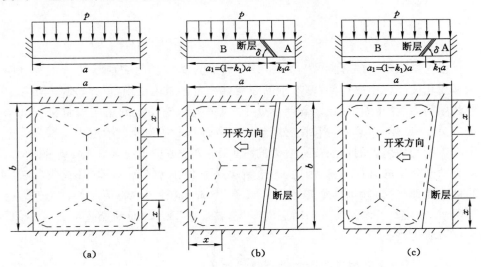

图 2-15　断层切割作用对远离断层开采时顶板结构破坏的影响

(a) 无断层存在;(b) 下盘开采;(c) 上盘开采

借鉴文献介绍的处理方法[240],得出上述三种模型下采场顶板的极限载荷 p_{max} 及其对应 x_{max} 参数的极值表达式:

● 无断层存在情况下[如图 2-15（a）所示]，顶板可视为四边固支的薄板，并以 O—X 型规律破坏：

$$
\begin{cases}
p_{\text{none-max}} = \dfrac{24M_p(a^2 + 2bx)}{a^2 x(3b - 2x)} \\[3mm]
x_{\text{none-max}} = \dfrac{a^2}{2b}\left(\sqrt{1 + 3\dfrac{b^2}{a^2}} - 1\right)
\end{cases}
\tag{2-16}
$$

● 工作面在断层下盘远离断层开采[如图 2-15（b）所示]，顶板可视为三边固支、一边自由的薄板，并以 O—Y 型规律破坏：

$$
\begin{cases}
p_{Fa\text{-max}} = \dfrac{12M_p(b^2 + 4a_1 x)}{b^2 x(3a_1 - x)} \\[3mm]
x_{Fa\text{-max}} = \dfrac{b^2}{4a_1}\left(\sqrt{1 + 12\dfrac{a_1^2}{b^2}} - 1\right)
\end{cases}
\tag{2-17}
$$

● 工作面在断层上盘远离断层开采[如图 2-15（c）所示]，顶板可视为三边固支、一边剪支的薄板，并以 O—X 型规律破坏：

$$
\begin{cases}
p_{Fb\text{-max}} = \dfrac{12M_p(2a_1^2 + bx + 4x^2)}{a_1^2 x(3b - 2x)} \\[3mm]
x_{Fb\text{-max}} = \dfrac{2a_1^2}{7b}\left(\sqrt{1 + \dfrac{21b^2}{4a_1^2}} - 1\right)
\end{cases}
\tag{2-18}
$$

式中　$a_1 = (1 - k_1)a$；

　　　M_p——顶板的极限弯矩；

　　　x——顶板破断最大变形点到短边的距离。

此外，对于图 2-15（b），由于断层 A、B 上下盘的挠度相互没有约束，其挠度造成了断层的张开位移，因此可采用悬臂梁模型分别计算两盘挠度来获得断层的张开位移：

$$
\begin{cases}
\delta_{b\text{-A}} = \dfrac{1}{8EI}p(k_1 a)^4 \\[3mm]
\delta_{b\text{-B}} = \dfrac{1}{8EI}p\left[(1 - k_1)a\right]^4 \\[3mm]
\Delta\delta = (\delta_{b\text{-B}} - \delta_{b\text{-A}})\cos\delta = \dfrac{pa^4\cos\delta}{8EI}(1 - 4k_1 + 6k_1^2 - 4k_1^3)
\end{cases}
\tag{2-19}
$$

式中　p——作用在顶板上的分布载荷；

　　　$\delta_{b\text{-A}}$，$\delta_{b\text{-B}}$——A、B 盘在断层处的挠度；

　　　EI——顶板抗弯刚度；

　　　δ——断层倾角。

对于图 2-15（c），由于断层 A、B 上下盘挠度相互约束，则在断层面上形成约束力。这可采用两端固支、断层处为铰接的连续梁模式来计算断层面上的约束力：

$$
\begin{cases}
\delta_{c-A} = \dfrac{p(k_1 a)^4}{8EI} + \dfrac{P(k_1 a)^3}{3EI} \\[3mm]
\delta_{c-B} = \dfrac{p\left[(1-k_1)a\right]^4}{8EI} - \dfrac{P\left[(1-k_1)a\right]^3}{3EI} \\[3mm]
由\ \delta_{c-A} = \delta_{c-B}\ 得\ P = \dfrac{3}{8}pa\ \dfrac{(1-k_1)^4 - k_1^4}{(1-k_1)^3 + k_1^3}
\end{cases}
\tag{2-20}
$$

式中　P——断层面上的约束力；

　　　δ_{c-A}，δ_{c-B}——A、B盘在断层处的挠度。

令式(2-16)中的 $a=b$ 以及式(2-17)和式(2-18)中的 $a_1=b$，即顶板处于"见方"，则有 $x_{none-max}=0.50b$、$x_{Fa-max}=0.65b$、$x_{Fb-max}=0.43b$，进而获得 $p_{none-max}=48.00M_p/b^2$、$p_{Fa-max}=28.28M_p/b^2$、$p_{Fb-max}=41.33M_p/b^2$。很明显，$p_{Fa-max}<p_{Fb-max}<p_{none-max}$，表明顶板在断层切割作用下更容易破断，上盘开采时的顶板，其承载能力强于下盘开采，即工作面在断层下盘开采时的冲击矿压危险要高于在上盘开采。

由式(2-19)和式(2-20)可知，k_1 值越小，即顶板悬伸越长，断层的张开位移越大，断层B盘在固定端处的弯矩值也越大；同时断层处的约束力 P 也越大，此时断层处将发生两种破坏，即断层的剪断和相互错动(亦称活化)。因此，工作面远离断层开采时，无论工作面是在上盘开采，还是在下盘开采，都应避免悬顶过长带来的断层冲击危险。

(2) 断层煤柱存在承载能力时

当预留的断层煤柱足够大，此时断层煤柱对顶板的承载能力不可忽略，其力学模型可由图2-13所示的模型修正获得，即图2-13中的 N' 与 Q' 修正为工作面后方断层对基本顶悬伸段的作用力，图2-14所示的算例结果同样也适用。由此可知，当远离断层开采时，基本顶的初次、见方和周期断裂将在工作面后方的断层煤柱上产生"反弹"和"压缩"效应；若断层煤柱足够宽，即断层远离基本顶断裂产生的"反弹"和"压缩"效应区，此时，断层保护煤柱起效，开采远离时安全；反之，若断层煤柱不够宽，基本顶断裂产生的两大效应对断层产生影响，此时，断层极易失稳并触发工作面周围煤岩体的突然失稳和破坏，进而诱发冲击矿压。

2.4　基于砌体梁结构动静载作用的断层煤柱应力分析

以断层型冲击矿压三对象为研究整体，重点考虑顶板破断后能否形成"砌体梁"结构为判别准则,具体分析断层煤柱上的应力分布状态。

2.4.1 砌体梁结构的稳定性分析

根据砌体梁力学模型(如图 2-16 所示)及其分析结果,采场覆岩砌体梁结构中的拱脚厚度 a、水平推力 T 以及块体间剪切力 R 可由式(2-21)表示。

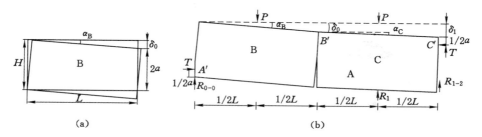

图 2-16　砌体梁结构中关键块 B、C 的力学分析模型

(a) 岩块回转时的变形几何关系;(b) 两岩块结构运动形态与受力

$$
\begin{cases}
a = \dfrac{1}{2}(H - L\sin \alpha_B) \\[2mm]
T = \dfrac{2}{2h_0 - \sin \alpha_B}qL \\[2mm]
R_{0-0} = \dfrac{4h_0 - 3\sin \alpha_B}{2(2h_0 - \sin \alpha_B)}qL \\[2mm]
R_{0-1} = R_{1-2} = \dfrac{\sin \alpha_B}{2(2h_0 - \sin \alpha_B)}qL
\end{cases}
\tag{2-21}
$$

式中　H,L——岩块的厚度和长度;

$\quad\quad h_0$——岩块厚度与长度的比值,$h_0 = H/L$;

$\quad\quad \alpha_B$——岩块 B 的回转角;

$\quad\quad q$——上覆岩层重量和岩块自身重量的总和。

当中,结构抗滑落失稳[式(2-22)]和抗变形失稳[式(2-23)]准则为:

$$
\mathrm{F. S.}_{\text{slide}}(h_0, \alpha_B) = \frac{3}{4}\sin\alpha_B - h_0 + \tan \varphi \geqslant 0
\tag{2-22}
$$

$$
\mathrm{F. S.}_{\text{crush}}(h_0, \alpha_B) = \frac{1}{4}\eta(\sin^2\alpha_B - 3h_0\sin \alpha_B + 2h_0^2) - \frac{q}{\sigma_c} \geqslant 0
\tag{2-23}
$$

式中　φ——岩石的内摩擦角;

$\quad\quad \eta$——岩块端角挤压系数,即岩块挤压强度与单轴抗压强度的比值;

$\quad\quad \sigma_c$——岩块的单轴抗压强度。

需要补充另一种结构失稳的条件是,当阻碍块体回转下沉的水平推力 T 产

生的力矩小于块体自重产生的力矩时,结构也将失稳,即称之为回转失稳。因此,第三种抗回转失稳的条件为:

$$\begin{cases} a = \dfrac{1}{2}(H - L\sin \alpha_B) > 0 \\ (H - \delta_1 - a) > 0 \end{cases} \tag{2-24}$$

计算结果表明[241],岩块 B 和 C 的挠度 δ_0 和 δ_1 分别为:

$$\delta_0 = L\sin \alpha_B, \quad \delta_1 = \dfrac{5}{4}L\sin \alpha_B \tag{2-25}$$

将式(2-25)代入式(2-24),即可获得结构抗回转失稳准则:

$$\text{F. S.}_{\text{buckle}}(h_0, \alpha_B) = -\dfrac{3}{2}\sin \alpha_B + h_0 > 0 \tag{2-26}$$

Byerlee 实验结果表明[239],当有效正应力小于 200 MPa 时,大部分岩石和滑动面上的摩擦系数 $\tan \varphi = 0.85$。因此将 $\tan \varphi = 0.85$ 代入式(2-22),并结合式(2-26),可获得砌体梁结构滑落失稳和回转失稳与岩块回转角 α_B 及其厚长比 h_0 之间的关系曲线,如图 2-17(a)所示。根据黄庆享 等[242]的实验结果,岩块端角挤压为压剪复合受力状态,其挤压系数一般取 $\eta = 0.4$。同理将 $\eta = 0.4$ 代入式(2-23),因此获得砌体梁结构变形失稳与 α_B 及应力系数 q/σ_c 之间的关系曲线,如图 2-17(b)所示。由图可知,厚梁(h_0 越大)、小回转角易发生滑落失稳;薄梁(h_0 越小)、大回转角易发生回转和变形失稳。

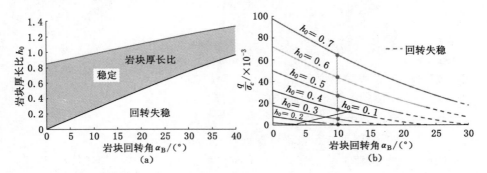

图 2-17 砌体梁结构滑落、回转及变形失稳条件图示(令 $\tan \varphi = 0.85, \eta = 0.4$)

(a) 结构滑落失稳和回转失稳;(b) 结构变形失稳

以常规的工作面临近断层开采为例,选取图中的某层坚硬顶板为研究对象,将其简化为梁结构,由此可建立如图 2-18 所示的力学模型。图 2-18 中包括砌体梁结构形成并维持[图 2-18(a)、(b)]和砌体梁结构失效或无法形成[图 2-18(c)、(d)]两种情况,其中图 2-18(a)和图 2-18(c)分别表示有无砌体梁结构时岩块 A 回转前的力学模型,图 2-18(b)和图 2-18(d)分别表示岩块 A 回转后。值得一提的是,上述所有情况中当断层煤柱减小到某一临界数值时,岩块 A 必然回转[如图 2-18(d)所示]。

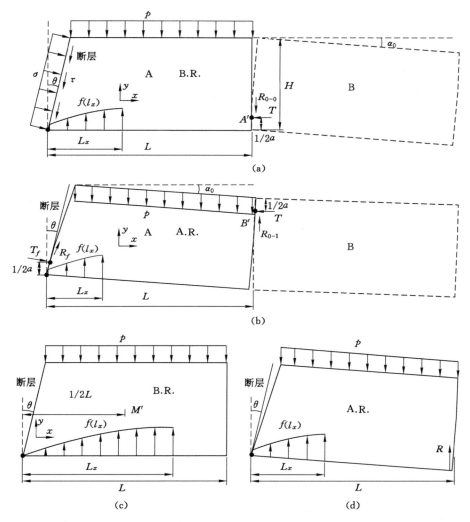

图 2-18 考虑砌体梁结构效应的断层煤柱力学分析模型

2.4.2 砌体梁结构稳定时的断层煤柱应力分析

岩块 A 回转之前[如图 2-18(a)所示],由岩块 B 构成的压力拱从左至右发展,该模型中断层边界受到压缩正应力和剪应力,岩块 A 右边界受到水平推力和剪力，以及岩块 A 上下边界分别受到上覆岩层重量和断层煤柱的支撑反作用力。岩块 A 回转之后[如图 2-18(b)所示]，由岩块 A 构成的压力拱从左边的断层铰接位置向岩块 A 的右边界发展。为简单起见，假设断层正应力(σ)、剪应力(τ)和上覆岩层载荷(p)为均匀分布。

当断层面上实际所受的剪应力超过断层最大剪应力时，岩块 A 将沿断层面滑移并产生回转，由此获得岩块 A 沿断层面剪切回转的判别准则为：

$$\text{F. S.}_{\text{rotation-P.}} = \sigma\tan\varphi_f - \tau \leqslant 0 \tag{2-27}$$

以岩块 A 为研究对象，其回转前[如图 2-18(a)所示]的力学平衡方程为：

$$\begin{cases} \sigma H - \tau H\tan\theta - T = 0 \\ \int_0^{L_x} f(l_x)\mathrm{d}l_x - \tau H - R_{0-0} - \sigma H\tan\theta - p(L - H\tan\theta) - \\ \gamma H\left(L - \dfrac{1}{2}H\tan\theta\right) = 0 \\ \int_0^{L_x} f(l_x)l_x\mathrm{d}l_x + \dfrac{1}{2}Ta - R_{0-0}L - \dfrac{\sigma H^2}{2\cos^2\theta} - \dfrac{1}{3}\gamma H^3\tan^2\theta - \\ \dfrac{1}{2}(p + \gamma H)(L^2 - H^2\tan^2\theta) = 0 \end{cases} \tag{2-28}$$

回转后[如图 2-18(b)所示]的力学平衡方程为：

$$\begin{cases} T_f\cos\theta + R_f\sin\theta - T = 0 \\ \int_0^{L_x} f(l_x)\mathrm{d}l_x + R_f\cos\theta + R_{0-1} - T_f\sin\theta - p(L - H\tan\theta) - \\ \gamma H\left(L - \dfrac{1}{2}H\tan\theta\right) = 0 \\ \int_0^{L_x} f(l_x)l_x\mathrm{d}l_x + T\left(H - \delta_0 - \dfrac{1}{2}a\right) + R_{0-1}L - T_f a\dfrac{1}{2\cos\theta} - \\ \dfrac{1}{3}\gamma H^3\tan^2\theta - \dfrac{1}{2}(p + \gamma H)(L^2 - H^2\tan^2\theta) = 0 \end{cases} \tag{2-29}$$

式中　T_f,R_f——断层正应力和剪应力。

在煤矿开采中，式中参数 L,L_x,H,θ,p,γ,φ_f 可由物理力学实验测试获得。对于砌体梁结构存在并稳定情况下的断层煤柱应力计算，理论上可由式(2-28)和式(2-29)求得。由于式(2-21)求得的水平推力 T 和剪切力 R 依据的是图 2-16(b)所示的结构模型，该模型仅与图 2-18(a)所示的模型一致，而与图 2-18(b)所示的模型不同。因此，式(2-21)求得的水平推力 T 和剪切力 R 可代入式(2-28)中进一步计算图 2-18(a)所示模型中的断层煤柱应力 $f(l_x)$。而图 2-18(b)所示模型对应的式(2-29)由于存在 5 个未知参量 T_f、R_f、$f(l_x)$、T、R_{0-1}，从而导致该情况暂时还无法获知其解析解。

为解决工程问题,假设 $f(l_x)$ 服从三角分布函数,其中平均值为 f_{av}。因此,可以给出实际断层煤柱上的平均应力值 Kf_{av},K 为现场校正系数,一般可结合理论计算和现场矿压观测获取。作为算例,将 $f(l_x)=Kf_{av}$ 代入式(2-28),求得:

$$
\begin{cases}
f_{av} = \dfrac{1}{2L_x(4L_x-3H\tan\theta)}\big[6R_{0-0}(2L-H\tan\theta)+6T(H-a)+ \\
\quad 6qL(L-H\tan\theta)+\gamma H^3\tan^2\theta\big] \\
\sigma = \dfrac{\cos^2\theta}{H(4L_x-3H\tan\theta)}\big[2R_{0-0}(3L-2L_x)\tan\theta+T(4L_x-3a\tan\theta)+ \\
\quad q\tan\theta(L-H\tan\theta)\cdot(3L-4L_x+3H\tan\theta)-2\gamma H^2\tan^2\theta(L_x-H\tan\theta)\big] \\
\tau = \dfrac{\cos\theta}{H(4L_x-3H\tan\theta)}\Big[2R_{0-0}(3L-2L_x)+T\big(3\dfrac{H}{\cos^2\theta}-3a-4L_x\tan\theta\big)+ \\
\quad q(L-H\tan\theta)\cdot(3L-4L_x+3H\tan\theta)-2\gamma H^2\tan\theta(L_x-H\tan\theta)\Big]
\end{cases}
$$

$$(2\text{-}30)$$

为简化计算,令式(2-30)中的断层倾角 $\theta=0°$,并联立式(2-21)和式(2-28),求得砌体梁结构稳定情况下断层煤柱上的平均应力以及岩块 A 沿断层剪切回转的判别准则:

$$
f_{av-B.R.-P.} = \frac{3(7h_0-3\sin\alpha_B)}{4(2h_0-\sin\alpha_B)}q\frac{L^2}{L_x^2} \tag{2-31}
$$

$$
F.S._{rotation-P.} = -\frac{3}{8}(7h_0-3\sin\alpha_B)\frac{L}{L_x}+\frac{1}{4}(8h_0-5\sin\alpha_B)+\tan\varphi_f \leqslant 0
$$

$$(2\text{-}32)$$

式中　B.R.——岩块 A 回转前;

　　　P.——砌体梁结构存在。

令式(2-31)中的 $h_0=0.5$、0.7 和 $\alpha_B=10°$,由此获得断层煤柱上的应力分布随煤柱宽度的变化曲线如图 2-19 所示。值得说明的是,图中纵坐标数值为上覆岩层重量和岩块自身重量总和的倍数,岩块 A 沿断层面剪切回转的判别准则为式(2-32)。由图可知,断层煤柱宽度一定时,岩块 A 长度越长,煤柱所受应力越大;岩块长度一定时,断层煤柱越窄,煤柱所受应力越大;岩块厚长比 h_0 越大,断层煤柱上应力的最大集中增长幅度越快。

令系数 $f_h=3(7h_0-3\sin\alpha_B)/4(2h_0-\sin\alpha_B)$。在砌体梁结构稳定下的断层煤柱应力计算式(2-31)中,系数 f_h 在各参数变化情况下的曲线如图 2-20 所示,从图中明显可以看出,该系数的变化范围为 2.625 0 到 2.812 5,由此可说明该系数 f_h 对断层煤柱应力分布的影响有限。然而,通过分析岩块 A 沿断层面剪切回转的判别准则[见式(2-32)]发现,岩块回转角 α_B 及其厚长比 h_0 可通过间接影响临界比值 L/L_x 来显著影响断层煤柱上的应力变化,具体分析如图 2-21

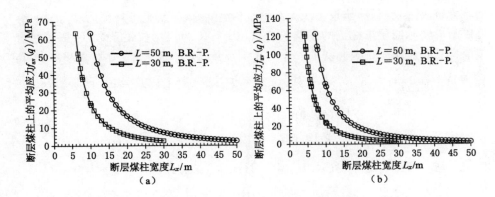

图 2-19　砌体梁结构稳定时断层煤柱平均应力随煤柱宽度的变化

（令 $\alpha_B = 10°$，$\tan \varphi_f = 0.85$）

（a）$h_0 = 0.5$；（b）$h_0 = 0.7$

所示。由图可知，厚梁（h_0 越大）、小回转角的岩块容易沿断层面剪切发生回转；比值 L/L_x 的所有数值均超过 3.5，并且当岩块的回转角 α_B 接近砌体梁结构失稳的临界值时，其数值急剧上升。因此，由式（2-31）可知，$f_{av-B.R.-P.} > 2.625\ 0 \times 3.5^2 q > 32q$。

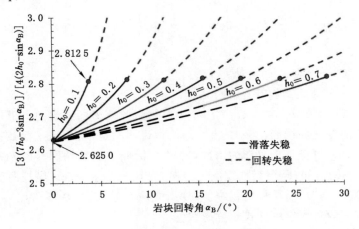

图 2-20　系数 f_h 的变化曲线

2.4.3　砌体梁结构失稳时的断层煤柱应力分析

当砌体梁结构失稳或无法形成时，岩块 B 将瞬间滑落。这种情况下，岩块 A 和岩块 B 之间的作用力将变为 0。如图 2-18（c）和图 2-18（d）所示，岩块回转之前,断层煤柱独自承受岩块及其上覆岩层的重量;岩块回转后,岩块及其上覆岩层重量由断层煤柱和采空区矸石共同支撑。

极端情况下,当断层煤柱的宽度 L_x 小于岩块长度 L 的一半时,岩块 A 必定回转,由此获得岩块 A 沿断层面剪切回转的判别准则:

$$\text{F. S.}_{\text{rotation-A.}} = L_x - \frac{1}{2}L < 0 \tag{2-33}$$

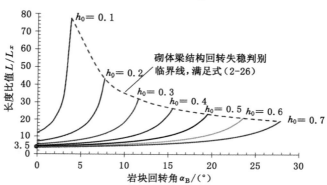

图 2-21 砌体梁结构稳定情况下岩块 A 沿断层面剪切回转的判别准则图示
$(\tan \varphi_f = 0.85)$

以岩块 A 为研究对象,其回转前[如图 2-18(c)所示]的力学平衡方程为:

$$\int_0^{L_x} f(l_x)\mathrm{d}l_x - p(L - H\tan\theta) - \gamma H\left(L - \frac{1}{2}H\tan\theta\right) = 0 \tag{2-34}$$

回转后[如图 2-18(d)所示]的力学平衡方程为:

$$\begin{cases} \int_0^{L_x} f(l_x)\mathrm{d}l_x + R - p(L - H\tan\theta) - \gamma H\left(L - \frac{1}{2}H\tan\theta\right) = 0 \\ \int_0^{L_x} f(l_x)l_x\mathrm{d}l_x + RL - \frac{1}{3}\gamma H^3\tan^2\theta - \frac{1}{2}(p + \gamma H)(L^2 - H^2\tan^2\theta) = 0 \end{cases} \tag{2-35}$$

采用同样的简化方法,获得砌体梁结构失稳情况下断层煤柱上的平均应力为:

$$\begin{cases} f_{\text{av-B. R.-A.}} = q\dfrac{L}{L_x} \\ f_{\text{av-A. R.-A.}} = q\dfrac{3L^2}{2(3L - 2L_x)L_x} \end{cases} \tag{2-36}$$

式中　B. R.——岩块 A 回转前;

　　　　A. R.——岩块 A 回转后;

A.——砌体梁结构不存在。

由式(2-36)可绘出砌体梁结构失稳时断层煤柱平均应力分布随煤柱宽度的变化曲线,如图 2-22 所示。由图可知,断层煤柱一定时,岩块长度越长,煤柱所受应力越大;岩块长度一定时,断层煤柱越窄,煤柱所受应力越大;该情况下的应力数值明显小于砌体梁结构稳定时(如图 2-19 所示)的应力数值。

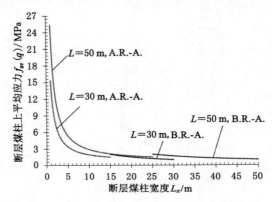

图 2-22　砌体梁结构失稳时断层煤柱应力随煤柱宽度的变化
(令 $h_0 = 0.7, \alpha_B = 10°, \tan \varphi_f = 0.85$)

由第 2.4.2 节分析得知,图 2-18(b)所示模型对应的式(2-29)由于未知参量过多而暂时无法求解。通过对比分析图 2-18(b)、(c)、(d)发现,图 2-18(b)中的岩块 A 由于受到岩块 B 水平推力的支撑作用,从而使得图 2-18(b)中断层煤柱的平均应力 $f_{av-A.R.-P.}$ 应小于图 2-18(c)、(d)中断层煤柱的平均应力,具体大小排序为:

$$\begin{cases} (b)\_f_{av-A.R.-P.} < (c)\_f_{av-B.R.-A.} < (a)\_f_{av-B.R.-P.}, & L_x/L \geqslant 1/2 \\ (b)\_f_{av-A.R.-P.} < (d)\_f_{av-A.R.-A.} < (a)\_f_{av-B.R.-P.}, & L_x/L < 1/2 \end{cases} \tag{2-37}$$

式中,序号(a)、(b)、(c)、(d)分别对应图 2-18 中的 4 种力学模型。将上式与式(2-31)对比分析发现,$f_{av-B.R.-A.} \propto L/L_x$ 以及 $f_{av-B.R.-P.} \propto qL^2/L_x^2$,因此,砌体梁结构从稳定状态到块体 A 沿断层面发生剪切回转时,断层煤柱上的应力将发生陡降。

令岩块长度 $L = 30$ m、厚长比 $h_0 = 0.7$、回转角 $\alpha_B = 10°$、断层摩擦系数 $\tan \varphi_f = 0.85$ 时,砌体梁结构变形失稳极限条件下 q 的极限值为 0.064 5 σ_c[图 2-17(b)所示];因此,各砌体梁结构赋存形态下断层煤柱上的极限应力值为: $f_{av-B.R.-P.} = 123q = 7.93\sigma_c$[图 2-19(b)所示]、$f_{av-A.R.-A.} = 15q = 0.97\sigma_c$(图 2-22 所示)、$f_{av-B.R.-A.} = 2q = 0.13\sigma_c$(图 2-22 所示)。

综上所述,砌体梁结构稳定时[如图 2-18(a)所示]断层煤柱上的应力水平最高,极限可达 $7.93\sigma_c$,此时煤柱同时承受块体 A 和 B 及其上覆岩层的重量,已足够使煤柱瞬间发生失稳破坏,而图 2-18(b)、(c)和(d)所示情况下的煤柱仅承受块体 A 及其上覆岩层的重量。此外,砌体梁结构滑落、变形和回转失稳以及沿断层面剪切回转产生的动载应力波对断层超低摩擦效应的力学作用机制同样可参见第 2.2.2 节分析。

2.5 本章小结

本章内容从物理概念模型出发,研究了断层型冲击矿压的动静载叠加作用机理,小结如下:

(1) 断层型冲击矿压是断层附近的人为开采活动形成的井巷或工作面周围煤岩体在断层直接或间接参与作用下瞬间释放弹性变形能而产生突然剧烈破坏的动力现象。

(2) 提出了断层型冲击矿压的动静载叠加作用机理。

断层型冲击矿压的动静载叠加作用机理可概括为"一个扰动,两种载荷,三个对象",认为断层带附近的冲击矿压是煤矿采掘活动扰动引起,是由断层煤柱高静载和断层活化动载叠加诱发,其中断层煤柱高静载是由断层煤柱静载应力与采动应力叠加形成,断层活化动载可分别由以采动应力为主和以矿震动载为主的两种形式引起。

(3) 揭示了断层活化的动静载作用机理。

静载作用下的断层活化存在上行解锁和下行解锁两种形式,并且与断层摩擦角、倾角以及侧压系数有关;断层摩擦角一定时,当断层倾角越大、侧压系数越小时,下行解锁越容易,反之当断层倾角越小、侧压系数越大时,上行解锁则越容易。

动载作用下的断层活化存在超低摩擦效应。首先从断层活化判别准则、Mohr 应力圆及其破裂准则角度证明了断层活化过程中超低摩擦效应的存在;并且还发现 σ_3 方向的动载应力波扰动对断层超低摩擦效应的影响比 σ_1 方向的应力波扰动更为显著。数值仿真实验结果表明,断层法向上的应力波扰动虽然很小,但可以改变断层的受力状态及其活动进程,尤其是降低断层的摩擦强度,甚至产生超低摩擦效应,不仅更容易触发断层滑移失稳,而且还可触发比预期应力降更大的错动。因此,动载应力波扰动作用下的断层超低摩擦效应在断层型冲击矿压中的作用不容忽视。

根据实测资料统计出的断层摩擦角以及浅层地壳中的侧压系数参数表明,

大部分断层在静载作用下处于非活化闭锁状态,引起煤矿采掘活动扰动下断层附近微破裂活动频繁的力学本质是静载作用下断层围岩的等效劈裂破坏和动载作用下断层超低摩擦效应下的断层活化。

(4) 揭示了断层区域顶板变形破断过程的动静载作用机理。

以断层型冲击矿压三对象中的顶板为研究主体,其赋存分为临近断层开采和远离断层开采两种不同形态,两种形态下的顶板破断不仅能产生动载应力波作用于断层,同时顶板破断前后产生的"反弹"和"压缩"效应对断层应力状态的改变也产生影响。另外,远离断层开采时,由于断层的存在,顶板的承载能力大大削弱,并且上盘开采时的顶板承载能力要强于下盘开采,表明工作面在断层下盘开采时的顶板在断层切割作用下更容易破断,即下盘开采时的冲击矿压危险要高于在上盘开采。

(5) 分析了砌体梁结构动静载作用下的断层煤柱应力分布。

砌体梁结构存在滑落失稳、变形失稳和回转失稳 3 种,其中厚梁、小回转角易发生滑落失稳;薄梁、大回转角易发生回转和变形失稳。砌体梁结构动静载作用下的断层煤柱应力分布存在 4 种形式,各自对应的平均应力表达式如下:

① 砌体梁结构稳定+回转前,断层煤柱平均应力:

$$f_{\text{av-B. R. -P.}} = \frac{3(7h_0 - 3\sin \alpha_B)}{4(2h_0 - \sin \alpha_B)} q \frac{L^2}{L_x^2} > 32q$$

② 砌体梁结构稳定+回转后,断层煤柱平均应力 $f_{\text{av-A. R. -P.}}$ 暂时无法求解;

③ 砌体梁结构失稳+回转前,断层煤柱平均应力 $f_{\text{av-B. R. -A.}} = q\dfrac{L}{L_x}$;

④ 砌体梁结构失稳+回转后,断层煤柱平均应力 $f_{\text{av-A. R. -A.}} = q\dfrac{3L^2}{2(3L - 2L_x)L_x}$。

很明显,(a)种形式的应力水平最高,极限可达 7.93 σ_c,已足够使煤柱瞬间发生失稳破坏,并且该应力值随着煤柱的减小增加最快,(b)、(c)、(d)三种形式应力明显较低,对防冲有利。具体 4 种形式下的应力大小排序如下:

$$\begin{cases} (b)\_f_{\text{av-A. R. -P.}} < (c)\_f_{\text{av-B. R. -A.}} < (a)\_f_{\text{av-B. R. -P.}}, & L_x/L \geqslant 1/2 \\ (b)\_f_{\text{av-A. R. -P.}} < (d)\_f_{\text{av-A. R. -A.}} < (a)\_f_{\text{av-B. R. -P.}}, & L_x/L < 1/2 \end{cases}$$

3　静载作用下的断层物理力学试验

第 2 章从理论上给出了静载作用下的断层活化准则,并依此开发了动静载叠加扰动作用下断层超低摩擦效应的数值仿真平台,理论及仿真结果对证明断层型冲击矿压的动静载叠加作用机理起到了很好的作用,本章将开展断层物理力学试验验证上述结果。

对于岩石材料的断面实验方法[243]主要有直剪法、三轴实验法、双向摩擦法和双面剪切摩擦法。其中,三轴实验法通常以预先形成切面的圆柱状岩石样品为研究对象,实验过程一般采用保持侧压不变条件下的剪切加载方式,即首先对试件施加侧向压力,待压力达到预定值后,保持侧向压力不变,然后在垂向方向上采用位移控制方式进行加载[244],该实验方法正好与第 2 章建立的理论力学模型契合。具体针对本章试验的单轴加载模式,可通过令第 2.2.1 节中所有公式中的 $\lambda = 0$,即 $\sigma_3 = 0$ 来实现,分析如下:

● 当 $\delta < \varphi_f$ 时,随着垂向应力的加载,整个过程中断层处于闭锁状态,与完整岩样单轴压缩试验呈现出的力学特征一致,如剪切破坏、劈裂等。

● 当 $\delta > \varphi_f$ 时,随着垂向应力的加载,断层将发生下行解锁滑移。实际断面试验当中,断面并不是一开始加载就开始解锁滑移,而是当轴向应力加载到一定数值后才开始解锁,究其原因如下:

令式(2-5)中的 $\sigma_3 = 0$,则:

$$c = \frac{\sigma_1}{1 + \tan^2 \delta}(\tan \delta - \tan \varphi_f) = \sigma_{yy}(\tan \delta - \tan \varphi_f) \qquad (3\text{-}1)$$

因此,单轴加载下断面发生下行解锁滑移的判别条件为:

$$\sigma_{yy}(\tan \delta - \tan \varphi_f) > c \qquad (3\text{-}2)$$

上述理论计算及仿真结果是基于理想的 Coulomb 摩擦本构方程,与实际情况存在一定差距;同时,理论计算及仿真过程也很难真实反映断面试验过程中的宏观破裂显现、力学响应、位移响应、声发射响应等特征。因此,研究设计断面不同粗糙度、不同倾角、不同围岩强度的物理力学试验对深入研究断层摩擦本构方程以及真实再现断面试验过程中的宏观破裂显现、力学响应、位移响应、声发射响应等特征,进而全面解释断层型冲击矿压的动静载叠加作用机理具有重要意义。

3.1 试验目的及内容

3.1.1 试验目的

（1）研究相同断层倾角下，不同断面粗糙度对断层滑移失稳的影响，揭示断面粗糙度在断层滑移失稳中的作用；

（2）研究相同断面粗糙度下，不同断层倾角对断层面力学特征的影响，揭示断层倾角在断层滑移失稳中的力学作用机制；

（3）揭示不同围岩力学强度下的断层面力学特征。

3.1.2 试验内容及方案

本次试验总共包括 4 组煤层顶板试样，分别取自黑龙江龙煤集团新兴矿 58♯煤层粉砂岩顶板、桃山矿 90♯煤层粉砂岩顶板、城山矿 25♯煤层砂岩顶板和兴安矿 11♯煤层细砂岩顶板。每组试样分别由 5 个标准试件（ϕ50 mm× 100 mm）组成，并形成不同断面角度，实际加工后测量得出的角度分别为 9.1°、11.3°、15.6°、23.6°和 23.7°。最后，采用 360 号砂纸对所有试件断面进行打磨。

（1）相同断层倾角下，不同断面粗糙度的断层物理力学试验

选取新兴矿 58♯煤层粉砂岩顶板试件中的 23.7°倾角断面试样作为试验研究对象，通过采用强力胶水（或双面胶）粘取不同粒径的沙粒填充断面，以实现不同的断面粗糙度。试验采用单轴位移加载控制，加载速率为 5 μm/s，即 0.3 mm/min。实验过程中全程进行数字照相量测和声发射监测。

（2）相同断面粗糙度下，不同断层倾角的断层物理力学试验

对剩下断面试件的每组试样分别赋予不同粗糙度的断面，并进行单轴压缩实验，加载速率选取 5 μm/s，即 0.3 mm/min。实验过程中全程进行数字照相量测和声发射监测。

（3）不同围岩力学强度下的断层物理力学试验

在断层物理力学试验开展之前，首先根据国家标准《煤和岩石物理力学性质测定方法》中的相关规定，对上述 4 组取样地点煤层顶板试样的相关力学特性进行测定，包括弹性模量、抗压强度、抗拉强度等。然后，对相同倾角、相同粗糙度、不同力学属性的断面试样进行单轴压缩实验，加载速率选取 5 μm/s，即 0.3 mm/min。实验过程中全程进行数字照相量测和声发射监测。

3.1.3　实验前准备及系统介绍

（1）实验前准备

首先,根据《煤和岩石物理力学性质测定方法》的相关规定,加工 4 组标准试样(ϕ50 mm×100 mm),其中每组试样由 5 个标准试件组成。然后,按照方案设计对每组试样加工成 5 种不同的断面倾角,实际加工后测量得出的角度分别为9.1°、11.3°、15.6°、23.6°和23.7°。最后,采用 360 号砂纸对所有试件断面进行打磨。如图 3-1 所示为最终加工好的试样照片。图中试样编号前面字母表示各矿名字拼音的首字母,后面数字表示加工断面的倾角,如 TS15.6 表示桃山煤矿15.6°断面试件。

图 3-1　试样照片

为了获得不同粒径的沙子,本试验通过采用不同目数级别的筛网进行筛选获得,最终获得的 5 种不同粗糙度断面如下:

● ①号断面:由 360 号砂纸打磨后的断面,不添加沙子填充面作为断层填充物;

● ②号断面:采用 60 目筛子筛选,粒径≤0.25 mm;

● ③号断面:采用 30 目筛子筛选,粒径为 0.25～0.59 mm;

● ④号断面:采用 20 目筛子筛选,粒径为 0.59～0.84 mm;

● ⑤号断面:采用 10 目筛子筛选,粒径为 0.84～2.00 mm。

各断面型号用沙如图 3-2 所示。

实验前,在试件上下断面同时采用双面胶粘取同一型号的沙粒表示当中的一种粗糙断面[见图 3-3(a)],然后通过改变沙子粒径型号表示不同粗糙度,最终将两断块合在一起便实现了不同粗糙度的断面岩石试件,如图 3-3(b)所示。

大量岩石和断层泥摩擦特性实验表明[245],当断层被断层泥完全隔开时,

图 3-2　各断面型号用沙

（a）②号断面用沙；（b）③号断面用沙；（c）④号断面用沙；（d）⑤号断面用沙

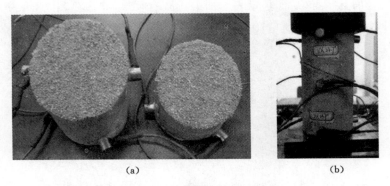

图 3-3　粗糙断面试样实物图

（a）沙粒断面黏取效果；（b）断面实现效果

其摩擦系数为 0.409～0.697；当断层两盘岩石直接接触时，摩擦系数可高达 Byerlee 摩擦系数 0.85。在天然断层带上，既有断层两盘被断层泥隔开的情况，又有岩石直接接触的情况，实际选取时可在 0.409 至 0.85 之间。杨茨等[246]实验研究粗磨（用较粗砂纸打磨）、细磨（用较细砂纸打磨）和润滑（普通凡士林润滑）3 种端面粗糙条件下的圆环纵向压缩力学特性指出，端面越粗糙，摩擦系数越大。由此可推出，本次试验设计的 5 种粗糙断面的摩擦系数满足：0.85＞①号断面＞⑤号断面＞④号断面＞③号断面＞②号断面＞0.409，其中①号断面可用来模拟现场断层两盘岩石直接接触的情况，②、③号断面模拟断层泥为黏土矿物的情况，④、⑤号断面模拟断层泥为原岩碎粉和碎砾的情况。因此，该试验中设计的粗糙断面在一定程度上能反映出现场断层面的实际情况。

（2）实验系统介绍

本次实验由压力加载、声发射监测和数字照相量测采集三大系统组成，如图 3-4 所示。其中压力加载系统采用的是美国 MTS 公司生产的 MTS-C64.106 电液伺服材料实验机,实验加载采用位移控制,加载速率为 5 μm/s,即 0.3 mm/min;声发射监测系统采用的是美国物理声学公司(PAC)生产的 PCI-2 卡多通道声发射系统,实验中采用 8 个传感器进行信号采集,其空间布置如图 3-4 所示(上下两端各均匀布置 3 个传感器,中间对立布置 2 个传感器),声发射事件定位采用三维定位计算;数字照相量测采集系统采用的是佳能 TD 数码相机,实验中采用实时摄像的方式获取数字图像。

图 3-4　实验系统

3.2　不同断层特征参数下的应力及破裂显现特征

根据前期实验,获得各试样组的基本力学参数,见表 3-1。根据本次试验目的及内容,具体实验过程及记录见表 3-2。

表 3-1　　　　　　　　　　各试样组基本物理力学参数

试样组	密度/(g/cm³)	破坏载荷/kN	弹性模量/GPa	抗压强度/MPa	抗拉强度/MPa
兴安矿 11♯煤层顶板	2.442	135.767	9.107	68.400	1.502
城山矿 25♯煤层顶板	2.557	192.881	11.214	97.553	5.300
桃山矿 90♯煤层顶板	2.646	350.217	16.250	175.642	6.611
新兴矿 58♯煤层顶板	2.578	207.402	11.912	103.502	5.956

表 3-2　　　　　　　　　　　　　实验过程及记录

序号	试样编号	断面倾角	断面型号	峰值载荷/kN	备注
1	CS23.7	23.7°	①	124.777	实验前测试,试样破坏,
	XA23.7	23.7°	⑤	65.460	已无法进行下一步实验
2	XX23.7	23.7°	②	5.629	断面滑移显著,实验停止
3	XX23.7	23.7°	③	60.130	人为停止实验,以防试样破坏
4	XX23.7	23.7°	④	60.150	人为停止实验,以防试样破坏
5	XX23.7	23.7°	⑤	60.070	人为停止实验,以防试样破坏
6	TS0	—	—	422.485	完整试样,最终呈岩爆型破坏
7	TS23.7	23.7°	②	25.227	断面滑移显著,实验停止
8	TS23.7	23.7°	⑤	59.076	试样破坏
9	TS23.6	23.6°	②	10.926	断面滑移,试样无法破坏
10	TS23.6	23.6°	③	99.646	试样破坏
11	TS15.6	15.6°	②	66.416	试样破坏
12	TS11.3	11.3°	②	147.019	试样破坏
13	TS9.1	9.1°	②	121.433	试样破坏
14	XA23.6	23.6°	③	61.252	试样破坏
15	XA15.6	15.6°	③	83.226	试样破坏
16	XA11.3	11.3°	③	93.344	试样破坏
17	XA9.1	9.1°	③	121.376	试样破坏
18	XX23.6	23.6°	④	70.605	试样破坏
19	XX15.6	15.6°	④	105.437	试样破坏
20	XX11.3	11.3°	④	166.953	试样破坏
21	XX9.1	9.1°	④	158.210	试样破坏
22	CS23.6	23.6°	⑤	83.391	试样破坏
23	CS15.6	15.6°	⑤	131.493	试样破坏
24	CS11.3	11.3°	⑤	152.684	试样破坏
25	CS9.1	9.1°	⑤	152.107	试样破坏

3.2.1　不同粗糙度下的应力及宏观破裂显现特征

本部分实验以新兴矿试件组中的 23.7°倾角断面试样作为研究对象,在试样破坏之前采取人为停止实验并更换断面上不同粒径沙粒模拟不同粗糙度来实现,具体对应表 3-2 中的实验序号 2 至 5,其实验结果如图 3-5(a)所示。同时,选取桃山矿试样组实验中相同断面倾角(默认 23.6°与 23.7°为相同角度)不同断面粗糙度型号的实验数据作为本部分实验分析的补充,如图 3-5(b)所示。从图中可以看出,断面粗糙度越大,应力应变曲线越陡,加载初始阶段的曲线下凹部分历时越短。此处曲线下凹段在完整试样加载实验中被视为裂隙压密阶段,而根据断面实验现象发现,断面的错动滑移主要发生在该阶段,此后断面的滑移量几乎不再增加,并且随着载荷的增加,试样达到类似闭锁的状态,因此可定义断面实验中初期应力应变曲线下凹段为断面滑移及其充填物磨合的阶段。由此可得:断面粗糙度越大,摩擦系数越大,试样越容易闭锁。

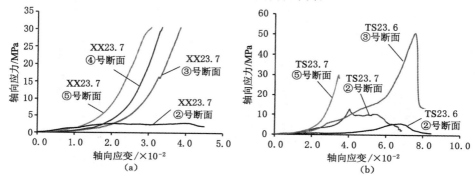

图 3-5 不同粗糙度断面试样的应力曲线特征
(a) 新兴矿试样;(b) 桃山矿试样

如图 3-6 所示为不同粗糙度下的断面错动滑移特征,从图中可以看出,随着断面粗糙度的减小,断面错动滑移量显著增加。其中,②号断面试样实验全程都在滑移[图 3-6(d)、(g)、(h)],且试样最终也未破坏,而其余断面试样较早就达到闭锁状态,最终试样破坏,并产生显著的应力降。进一步观察断面摩擦特征(见图 3-7)发现,②号断面呈现出明显的擦痕,且双面胶与断块产生脱离,说明双面胶在该断面摩擦系数和最大黏结力的影响当中起着决定性的作用;⑤号断面中的沙粒产生明显的压碎和剪切打磨,说明该断面在加载过程中呈现出压剪特性,另外,该断面双面胶与断块始终黏结完好,并随着断面沙粒的压剪磨合,断面滑移停止,试样整体形成闭锁,最终产生破坏,说明该断面的摩擦系数和最大黏结力由双面胶和沙粒共同决定,且随着断面沙粒的压剪磨合,断面摩擦系数和黏结力增大。

3.2.2 不同倾角下的应力及宏观破裂显现特征

如图 3-8 所示,倾角越小,应力增长的速度越快,即弹性模量越大,说明倾角越小,断面试样越容易闭锁,试样承载应力越快;此外,断面实验中的峰值应力整体上随着断面倾角的减小而增大,且最大不超过完整试样加载下的峰值破坏应力。值得注意的是,由于桃山矿试样组选用的是②号断面,其摩擦系数小,大角

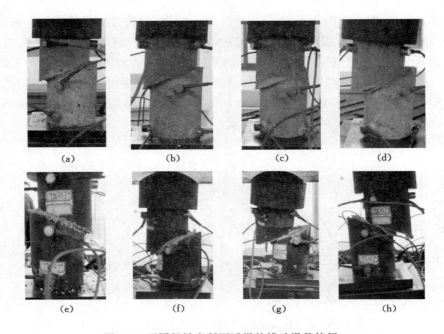

图 3-6　不同粗糙度断面试样的错动滑移特征
(a) XX23.7⑤号断面；(b) XX23.7④号断面；(c) XX23.7③号断面；(d) XX23.7②号断面；
(e) TS23.7⑤号断面；(f) TS23.6③号断面；(g) TS23.6②号断面；(h) TS23.7②号断面

图 3-7　不同粗糙度断面试样的摩擦特征
(a) TS23.7⑤号断面；(b) TS23.7②号断面

度试样 TS23.7 和 TS23.6 在实验全程中保持解锁滑移状态，试样最终未破坏；倾角为 11.3°和 9.1°的断面试样应力应变曲线近似重合，尤其是图 3-8(a)所示的两曲线几乎完全重合，这主要是由于两角度数值相近使得应力曲线呈现出相同特性的缘故。此外，由于岩样力学属性具有离散特性的本质，9.1°倾角断面试样的峰值应力有时反而小于 11.3°倾角断面试样[图 3-8(a)、(c)、(d)]，不过其数值相差不大。因此,考虑到岩样力学属性的离散特性本质,倾角为 11.3°和9.1°,以及 23.7°和23.6°的断面试样,可以分别视为同一倾角条件。

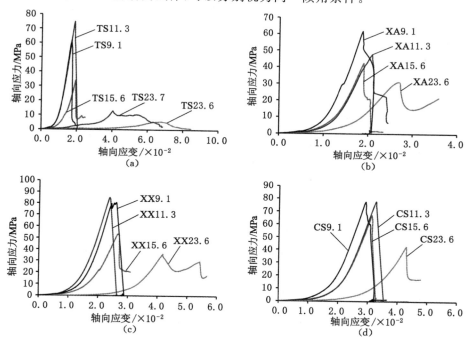

图 3-8 不同倾角断面试样的应力曲线特征

(a) 桃山矿②号断面试样;(b) 兴安矿③号断面试样;

(c) 新兴矿④号断面试样;(d) 城山矿⑤号断面试样

如图 3-9(a)所示为实验中不同断面倾角下的峰值应力变化图,由图可以看出,峰值应力随着断层倾角的增大而减小。为了进一步研究不同断面倾角影响峰值应力下降的程度,将不同实验组完整试样加载下的峰值应力(表 3-1 中的破坏载荷)P_{i0} 减去不同倾角下的峰值破坏应力 P_{ij},再除以 P_{i0},即可获得不同断面倾角作用下各自破坏峰值应力的下降程度,如图 3-9(b)所示。从图中可以看出,断面实验中,断面的存在可以显著降低岩石试样的应力强度,且应力降低程度整体上随着断面倾角的增大而增大;桃山矿试样组曲线明显偏离其余三组试样曲线,同时该试样组引起的应力降数值最大。分析发现,该实验组采用的是②号断面,其摩擦系数小,加载过程中容易解锁滑移,因此,增大断面倾角和减小断面粗糙度能有效降低试样的应力强度,极端情况下,断面发生解锁滑移,试样整体不发生破坏。针对现场实际情况,只有在断层闭锁的前提下,断层倾角越大断面越光滑的区域,才能对防冲有利,因为这种情况在一定程度上能有效降低围岩的应力强度;反之,若断层发生解锁,虽然围岩不产生破坏,周围应力随着断层的滑移而释放,但整个系统的稳定性降低,断层的滑移失稳容易引起断层附近工作面的围岩失稳破坏发生冲击。

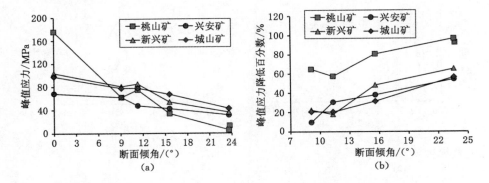

图 3-9　不同倾角断面试样的峰值应力变化
(a) 峰值应力;(b) 峰值应力下降程度

进一步分析各试样组在不同断面倾角下的宏观滑移及破裂显现特征发现(见图 3-10):

● 随着断面倾角的减小,试样的宏观破裂由少量单一劈裂[图 3-10(a1)、(b1)、(c1)、(d1)、(b2)、(c2)、(d2)]发展到大量劈裂贯穿[图 3-10(a2)、(b3)、(c3)、(d3)]、甚至整体溃崩[图 3-10(a3)、(b4)、(d4)]或冲击破坏[图 3-10(c4)]。

● ②号断面的桃山矿试样组在各种倾角下,其断面均产生显著滑移,且滑移量主要集中在初期应力应变曲线的下凹时段,尤其是 23.6°断面试样滑移最为明显[见图 3-6(g)],且试样不发生破坏,说明②号断面在这 4 种断面倾角条件下均满足解锁滑移条件。

● ③号断面的兴安矿试样组、④号断面的新兴矿试样组,以及⑤号断面的城山矿试样组在 23.6 和 15.6°断面倾角下产生滑移,在 11.3 和 9.1°断面倾角下几乎看不到滑移迹象,说明③、④、⑤三种断面在倾角大于 15.6°时发生解锁,小于 11.3°时发生闭锁。

● 对比桃山矿完整试样单轴加载下的宏观破坏形式(见图 3-11)发现,该矿完整试样在单轴加载下最终发生岩爆型破坏,并产生脆性巨响;对于存在断面的桃山矿试样,其破坏剧烈程度随着断面倾角的增大而变得轻缓,同时破坏声响也变得小而沉闷。再一次表明,断面的存在可以降低岩石试样的应力强度,并减小破裂时的剧烈程度。

图 3-10　不同倾角断面试样的宏观滑移及破裂显现特征

(a1) TS15.6②号断面;(a2) TS11.3②号断面;(a3) TS9.1②号断面;
(b1) XA23.6③号断面;(b2) XA15.6③号断面;(b3) XA11.3③号断面;(b4) XA9.1③号断面;
(c1) XX23.6④号断面;(c2) XX15.6④号断面;(c3) XX11.3④号断面;(c4) XX9.1④号断面;
(d1) CS23.6⑤号断面;(d2) CS15.6⑤号断面;(d3)CS11.3⑤号断面;(d4) CS9.1⑤号断面

图 3-11　桃山矿完整试样岩爆型破坏

3.2.3　不同围岩强度下的应力及宏观破裂显现特征

将倾角为 23.7°和 23.6°的断面试样视为同一倾角条件,利用本次实验的有限数据(见表 3-2)绘制出相同断面粗糙度及相同断面倾角下不同围岩强度的应力特征曲线,如图 3-12 所示。由表 3-1 可知,桃山矿(TS)、新兴矿(XX)和兴安矿(XA)试样组的平均单轴抗压强度分别为 175.642 MPa、103.502 MPa 和 68.400 MPa。因此,从图 3-12 中可以得出,随着围岩强度的减小,断面实验中的峰值破坏应力明显减小,同时应力应变曲线变陡,加载初始阶段的曲线下凹部分历时变短,这与增大断面粗糙度(图 3-8)呈现出的应力曲线特征一致,表明围岩强度的增大在应力曲线特征上相当于减小了断面的粗糙度。对于现场坚硬顶板耦合断层的冲击危险赋存条件,可通过增大断层面粗糙度来抵消一部分由坚硬顶板带来的防冲不利因素。

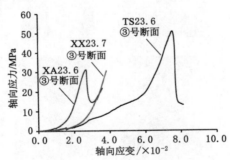

图 3-12　不同围岩强度断面试样的应力曲线特征

如图 3-13 所示为不同围岩强度下断面试样的宏观破裂显现特征,从图中可以看出,随着围岩强度的增大,试样的宏观破裂由少量单一劈裂发展到大量劈裂贯穿破坏,这与减小断面倾角的试样宏观破裂特征一致。对于低强度围岩 XA23.6 断面试样,其破坏过程缓慢,呈现出损伤累积型破坏,即裂纹萌生、扩展至贯通,说明该试样在应力加载过程中,耗能效果比较好;而高强度围岩 TS23.6

断面试样呈现出瞬间劈裂破坏,裂纹形状大而清晰。

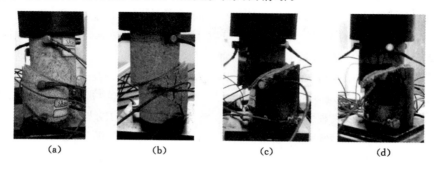

| (a) | (b) | (c) | (d) |

图 3-13　不同围岩强度断面试样的宏观破裂显现特征

(a) XA23.6③号断面-1;(b) XA23.6③号断面-2;

(c) TS23.6③号断面-1;(d) TS23.6③号断面-2

3.2.4　断面影响下的黏滑震荡特性及等效劈裂破坏

通过实验记录(表 3-2)过程发现,实验全程中断面滑移显著且最终未破坏的试样有三个:TS23.7②号断面、TS23.6②号断面和 XX23.7②号断面,绘制各自的应力应变曲线如图 3-14 所示。对比分析其余断面试样的应力应变曲线(图 3-8)可知,断面滑移下的应力应变曲线(图 3-14)波动较为明显,呈震荡特性,并多次产生应力降。

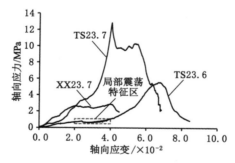

图 3-14　断面试样滑移时的应力应变曲线特征

根据第 3.2.2 小节分析可知,②号断面的桃山矿试样组在各种倾角下,其断面均产生显著滑移,且滑移量主要集中在初期应力—应变曲线的下凹时段。为了进行对照分析,将②号断面用沙的桃山矿试样组和桃山矿完整试样的应力应变曲线的初始下凹时段同时进行局部放大,分别如图 3-15(a)、(b)所示。从图中可以看出,完整试样的应力应变曲线光滑,而断面试样的应力应变曲线呈现复杂的黏滑震荡特性。在解释断层滑移引起地震的黏滑力学模型中,"滑"指的是地震,而"黏"是弹性应变积累的地震间隔时间。正如 Benioff 的研究表明[92],地震由弹性应变回弹的增量产生,且该应变与地震能量的平方根成正比,并引起可检测的地震波。针对单轴加载模式,断面上的切应力为 $\sigma_{xy} = \sigma_1 \sin 2\delta/2$,即对于某一角度断面试样的单轴加载实验,断面上的切应力与轴向应力成正比。如图 3-15(c)所示为 TS23.6 实验曲线(图 3-14)中震荡特征区(断面滑移阶段)的局部放大图,图中曲线表现为黏滑,其总体切应力水平随时间的增加而增加,亦称位移硬化;此外,黏滑期间的应力降也有逐渐增大的趋势,并随着时间的增加,滑动逐渐趋向于规则黏滑,即应力降相差不大的准周期性黏滑。

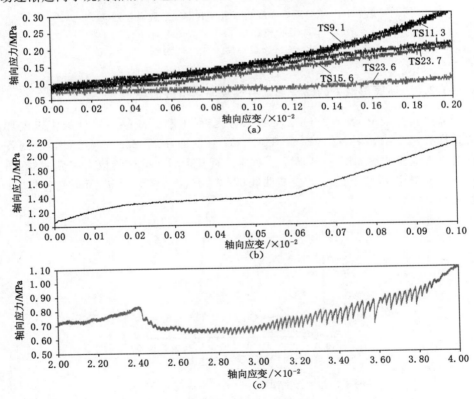

图 3-15　断面试样和完整试样的应力应变曲线对比

(a) 桃山矿②号断面试样初始加载滑移阶段的应力应变曲线;

(b) 桃山矿完整试样初始加载阶段的应力应变曲线;

(c) 断面滑移下的黏滑震荡特性曲线(图 3-14 中局部震荡特征区的放大图)

　　另外,实验现象表明,几乎所有断面试样均出现不同程度的劈裂破坏,且劈裂裂纹垂直于断面,如图 3-16 所示。由于这种现象与完整试样单轴压缩实验中出现的劈裂破坏形式(竖直裂纹贯穿整个试样)非常相似,本书将这种破坏形式称之为等效劈裂破坏,其发生的力学机制将在后文结合声发射及位移变形监测结果给予详细解释。

图 3-16　等效劈裂破坏形式

3.3　不同断层特征参数下的声发射特征

煤岩体破裂之前,传统的监测手段如图像采集、应力、应变监测等一般很难获知煤岩体内部的损伤破坏过程,而声发射监测手段采集获得的事件数、幅度、频率、能量等参量能很好地监测煤岩体的整个损伤破坏过程[247-249]。本节从全方位分析声发射监测参量角度,企图通过获知实验过程中断面试样内部损伤演化的全过程特征来分析其力学本质。

3.3.1　不同粗糙度下的声发射特征

如图 3-17、图 3-18 所示为不同粗糙度断面滑移实验过程中的声发射累计撞击、能量及计数曲线。从图中可以看出:

● 断面粗糙度越大,累计撞击曲线越陡,这一点与第 3.2.1 节介绍的峰值前应力应变曲线特征一致(见图 3-5);从损伤的角度分析,断面粗糙度越大,断面试件在加载过程中的损伤速率越大,损伤程度更为剧烈。

● 断面粗糙度越大,声发射能量及计数越大,表明粗糙度越大,解锁时段释放的能量及其破坏程度越大;亦可说明粗糙度越大,断面闭锁阶段越容易积聚弹性能。

3.3.2　不同倾角下的声发射特征

如图 3-19 所示为不同倾角断面实验中的声发射事件空间分布图。从图中

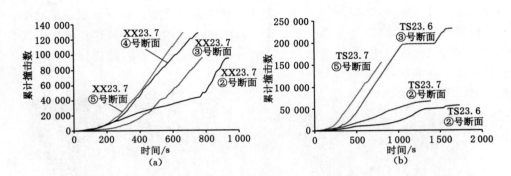

图 3-17   不同粗糙度断面试样的声发射累计撞击特征

（a）新兴矿试样；（b）桃山矿试样

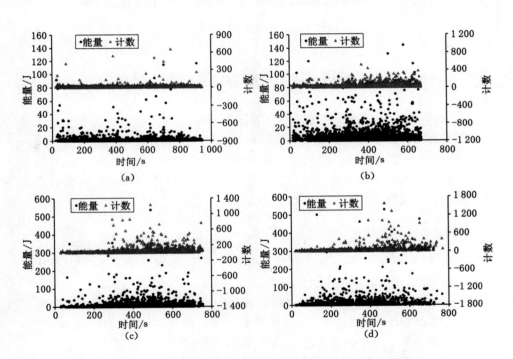

图 3-18   不同粗糙度断面试样的声发射能量、计数特征

（a）XX23.7②号断面试样；（b）XX23.7③号断面试样；

（c）XX23.7④号断面试样；（d）XX23.7⑤号断面试样

可以看出：

●任何断面条件（倾角、粗糙度、围岩强度）下，实验加载过程中断面上均密

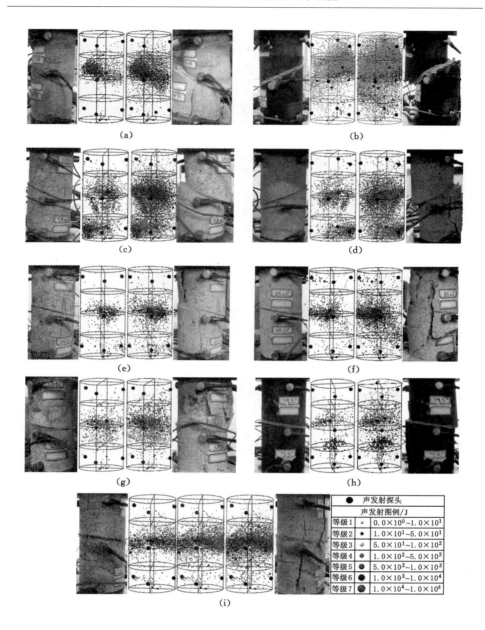

图 3-19　不同倾角断面试样的声发射空间分布

(a) XX23.6④号断面；(b) TS23.6③号断面；(c) XA23.6③号断面-前视；

(d) XA23.6③号断面-后视；(e) XA15.6③号断面；(f) XA11.3③号断面；

(g) XA9.1③号断面；(h) TS9.1②号断面；(i) CS9.1⑤号断面

集产生大量声发射事件,并呈成丛成条带分布,这与完整试样加载下声发射事件呈随机离散分布特征不同,说明断面的存在降低了围岩整体的稳定性,并在外界应力扰动下,使得断面活化。因此,声发射事件沿断面呈成丛成条带的分布特征可作为断面活化的前兆信息。

● 除了沿断面分布的声发射事件,其余事件发生的位置与试样裂纹产生的位置对应一致,说明声发射能有效反映煤岩体材料内部的损伤程度及其裂纹分布。

● 结合第 3.2.2 节分析,试样的宏观破裂随着断面倾角的减小由少量单一劈裂到大量劈裂贯穿,甚至整体溃崩或冲击破坏,其对应的声发射事件分布由简单的沿断面集中展布[图 3-19(a)~(d)]到沿断面呈椭球体扩散[图 3-19(e)、(f)],甚至"内爆"式分布[图 3-19(g)~(i)]。

以兴安(XA)煤矿试样组为例,得到如图 3-20 所示的不同倾角断面实验过程中的声发射累计撞击曲线。从图中可以看出:断面倾角越小,累计撞击曲线越陡,这一点与第 3.2.2 节介绍的峰值前应力应变曲线特征一致(见图 3-8);同样从损伤的角度分析,断面倾角越小,断面试件在加载过程中的损伤速率越大,损伤程度更为剧烈。为了进一步获得其内在损伤演化规律,在此引入 G-R 幂率关系式[250],该幂率关系目前已被广泛用于监测和评估材料的损伤演化过程及模式[251-253]。早在 1941 年,Gutenberg 和 Richter 通过研究全球地震活动特性发现,地震频度和震级之间符合幂率关系,这就是著名的古登堡公式:

$$\lg N(\geqslant M) = a - bM \tag{3-3}$$

式中　M——地震震级;

　　　$N(\geqslant M)$——震级大于等于 M 的地震次数;

　　　a,b——常数。

其中,a、b 值在地震统计中各有其物理意义:a 值表征地震活动水平,a 值越大说明地震活动性越强,地震频次高,反之地震活动性弱,地震频次低;b 值表征大小地震数目的比例关系,反应地震强弱程度,b 值越大,地震中低能量震级地震所占的比例大,地震强度低,发生地震的可能性小,反之 b 值越小,高能量地震所占的比例较高,地震强度高,发生地震的可能性较大。因此,为了获知地震所处的强弱水平,可将 a、b 值进行比较。

采用能级 $\lg E$ 代替震级 M,于是式(3-3)转化为[254]:

$$\lg N(\geqslant \lg E) = a - b\lg E \tag{3-4}$$

式中　E——声发射能量。

如图 3-21 所示为各倾角断面试样的声发射能级—频度曲线及其 a、b 值计算,从图中可以看出,断面倾角越大,a、b 值均越大,即声发射的活动性越强,强

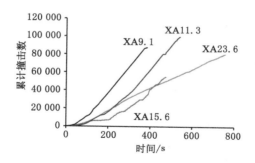

图 3-20　不同倾角断面试样的声发射累计撞击特征

度越低,说明断面倾角越大,断面活化产生大量的低能量声发射事件,反之,将产生少量的高能量事件。综上所述,断面倾角越大,断面越容易活化,声发射活动性越强,不易积聚弹性能,以释放低能量声发射事件为主;反之,断面不易活化,声发射活动性越弱,容易积聚大量弹性能,释放时以高能量为主。

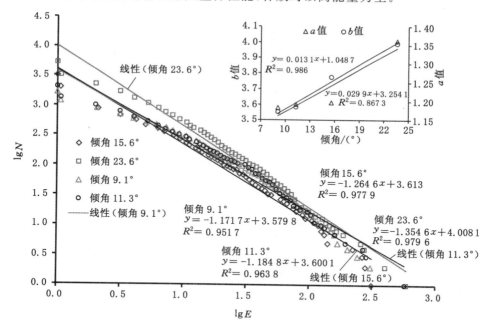

图 3-21　不同倾角断面试样的声发射 a、b 值计算

3.3.3　不同围岩强度下的声发射特征

如图 3-22 所示为不同围岩强度断面试样的声发射累计撞击曲线。值得提

示的是,桃山矿(TS)、新兴矿(XX)和兴安矿(XA)试样组的平均单轴抗压强度分别为 175.642 MPa、103.502 MPa 和 68.400 MPa。从图中可以看出:围岩强度越小,累计撞击曲线越陡,这与增大断面粗糙度呈现出的规律一致。因此,从声发射监测的角度再一次得出增大围岩强度等同于减小断面粗糙度的结论。

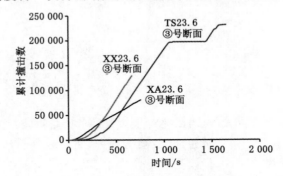

图 3-22　不同围岩强度断面试样的声发射累计撞击特征

不同围岩强度断面试样的声发射能级—频度曲线及其 a、b 值表明(如图 3-23所示),随着围岩强度的增大,a 值增大,b 值反而减小,说明围岩强度越大,不管是声发射的活动性还是强度均增大。推广到现场,在坚硬顶板条件下的断层区域附近进行采掘活动时,微震频次及其能量均积聚增加,即冲击危险性更强,这与实际情况相符。

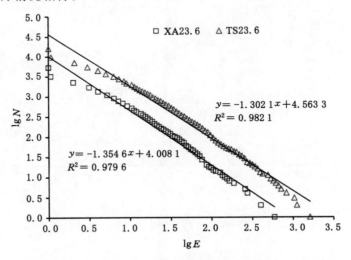

图 3-23　不同围岩强度断面试样的声发射 a、b 值计算

3.3.4 黏滑震荡特性及等效劈裂破坏现象的声发射揭示

（1）黏滑震荡特性

以图 3-14 中的 TS23.6②号断面试样为例，得到如图 3-24 所示的应力应变曲线及其受载过程中的声发射参数曲线。图中累计撞击曲线明显标示出 3 个特征拐点（A、B、C），同时各拐点分别对应声发射能量、计数及应力应变曲线中的各临界特征点。由此可将该试样加载的全过程分为 4 个阶段：初期断面闭锁的受载阶段（$0A$）、断面黏滑震荡阶段（AB）、断面闭锁的再次受载阶段（BC）及峰后断面解锁滑移阶段（CD）。各阶段呈现出的特征如下：

● $0A$ 段：随着轴向载荷的增加，应力、声发射能量、计数及其累计撞击数积聚增加；直到结束 A 点（见图 3-25 中 A 点视图），断面滑移量非常小，即断面处于闭锁阶段；A 点对应的声发射事件空间分布显示（$0A$ 段视图），声发射沿断面呈椭球体扩散，下端中心出现部分高能量事件。

● AB 段：断面黏滑震荡阶段。该阶段的声发射能量释放及计数比较平静，累计撞击曲线较为平缓，应力曲线呈黏滑震荡特性；直到结束 B 点（见图 3-25 中 B 点视图），断面滑移量较为明显；对应的声发射事件沿断面零星分布（AB 段视图）。

● BC 段：应力、声发射能量、计数及累计撞击数均积聚增加；与 B 点比较，C 点处对应的断面滑移量增加较小，断面再次处于闭锁阶段；该阶段对应的声发射事件积聚增多，呈"内爆式"分布（BC 段视图），且出现大量高能量事件。

● CD 段：峰后断面解锁滑移阶段。该阶段的声发射能量、计数及累计撞击曲线又趋于平稳，应力曲线积聚下降；直到结束 D 点（见图 3-25 中 D 点视图），断面滑移显著；对应的声发射事件主要集中于断面位置（CD 段视图），且能量较小。

（2）等效劈裂破坏现象

通过观察断面物理力学试验中试样的宏观破裂显现发现（如图 3-16 所示），几乎所有破坏的断面试样均出现与断面垂直的劈裂裂纹，即称之为等效劈裂破坏。选取两组典型的等效劈裂破坏试样，并绘制出各自破坏过程中声发射事件的空间分布，如图 3-26 所示。从图中可以看出，劈裂破坏裂纹位置集中分布有声发射事件，且分布形态与裂纹扩展的形态一致；另外，早在宏观劈裂裂纹出现前，劈裂位置已经有声发射事件产生，并随着载荷的增加，事件逐步增多并连通，说明等效劈裂破坏是一个由内部微观裂隙萌生、扩展、贯通至最终宏观裂纹产生的过程。

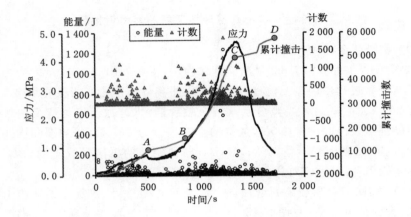

图 3-24　应力—应变及声发射参数曲线

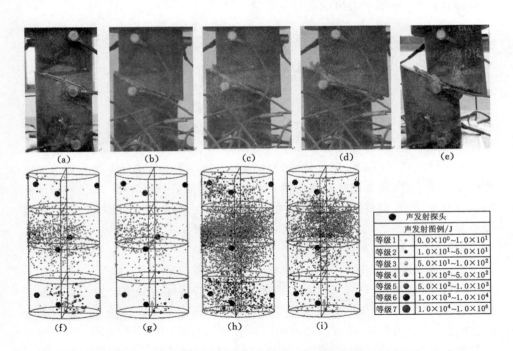

图 3-25　加载过程中各阶段试样对应的宏观显现特征及其声发射事件空间分布
(a) 0 点；(b) A 点；(c) B 点；(d) C 点；(e) D 点；
(f) 0A 段；(g) AB 段；(h) BC 段；(i) CD 段

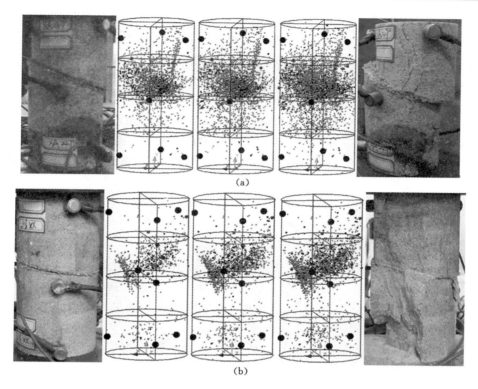

图 3-26　等效劈裂破坏现象的声发射揭示
(a) XA23.7⑤号断面；(b) XX9.1④号断面

3.4　断层物理力学试验中的位移变形特征

3.4.1　基于数字照相量测技术的位移变形分析

实验力学中，位移测量的方法大体包括接触式和非接触式两种。其中，常规的接触式方法有布设位移传感器、粘贴应变片等，该类方法往往因仪器或元器件安装空间限制，测点数量极为有限。数字照相量测作为一种通用性很强适用于多学科领域的现代非接触量测新技术在实验力学领域有着广阔的应用空间和巨大的发展潜力[255]。数字照相量测是利用数码相机、CCD 摄像机、视频显微仪以及其他照相设备等作为图像采集手段，获得观测目标的数字图像，然后，利用数字图像处理与分析技术，对观测目标进行变形分析或特征识别的一种现代量测新技术。与传统在模型上描画网格线拍照后人工测量做法不同的是，最新数字照相量测技术不再需要人工测量,能够自动根据材料表面的自然纹理("无标点法")或事先布置的散斑点("标点法")即可获知观测区域的位移变形场。近年来,数码高速相机的快速发展使得数字照相量测技术在材料变形演变过程的全程观测与细观力学特性研究方面的优越性进一步得到突显。

本次实验采用佳能 TD 数码相机实时摄像获取数字图像,后期处理采用中国矿业大学李元海 等[255]自主研发的 PhotoInfor 软件进行分析,其界面如图3-27 所示。以 CS15.6⑤号断面试样摩擦滑移过程中的数字图像为分析样本,选取断面滑移较为明显(未达到破坏)的某一时刻图像与实验加载之前的图像作比较,最终获得观测区域网格的变形形态(图 3-27),进一步获得如图 3-28 所示的各参数计算结果。由图 3-28 可知:

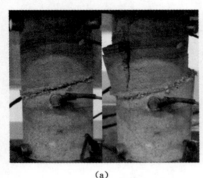
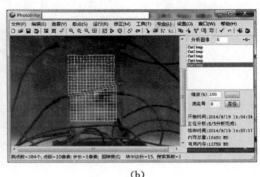

(a)　　　　　　　　　　　　　　(b)

图 3-27　CS15.6⑤断面试样及数字照相量测软件处理界面
(a) CS15.6⑤号断面试样破坏前后照片;(b) 数字照相量测软件

● 随着位移的加载,MTS 压力机底座向上平移,在此情况下,断面试样下盘可视为主动盘,上盘视为被动盘。位移矢量图[图 3-28(a)]明显指示出,下盘向上移动,遇到断面后产生向右移动的趋势,上盘在下盘的挤压作用下产生沿断面向左滑移的趋势,最终两盘之间产生明显的剪切滑移。

● 位移云图[图 3-28(b)]显示,作为主动盘的下盘产生的位移明显大于上盘。

● 由最大剪应变云图[图 3-28(c)]和 Y 方向应变云图[图 3-28(d)]可知,断面上明显形成一条剪切带,且剪切带上的应变数值呈非均匀分布,并存在多处明显的应变集中区,这主要是由于断面用沙的非均质性使得断面所受摩擦力呈非均匀分布所致。

● 对比图 3-27(a)和图 3-28(c)、(d)发现,断面试样最终劈裂破坏的位置与应变云图中的最大应变集中区位置一致。

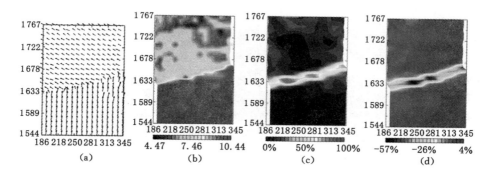

图 3-28　数字照相量测处理结果(图中尺寸单位为像素)

(a) 位移矢量图;(b) 位移云图;(c) 最大剪应变云图;(d) Y 方向应变云图

3.4.2　等效劈裂破坏力学作用机制

如图 3-29(a)所示为断面滑移过程中的受力示意图,从图中可以看出,断面滑移过程中任意质点处均受到方向相反的切应力 σ_{xy} 和摩擦应力 τ_f,其中 $\sigma_{xy} = 1/2\sigma_1 \sin 2\delta$;由于断面粗糙度呈非均匀性,即断面摩擦系数 $\tan \varphi_f$ 也呈非均匀分布,根据 Coulomb 摩擦定律可得出断面上的最大摩擦力 $\tau_{f-\max} = \tan \varphi_f \cdot \sigma_1 \cos^2 \delta + c$。同时摩擦力 τ_f 满足:

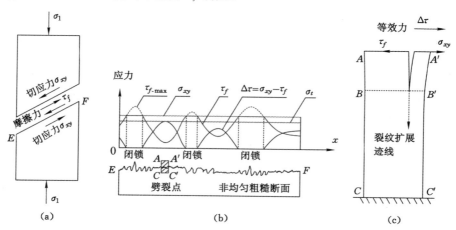

图 3-29　断层物理力学实验中等效劈裂破坏力学机制分析图

(a) 断面试样加载受力分析;(b) 非均匀粗糙断面受力分析;(c) 劈裂点断裂力学分析

$$\tau_f = \begin{cases} \sigma_{xy}, & \sigma_{xy} < \tau_{f-\max} & \text{断面闭锁} \\ \tau_{f-\max}, & \sigma_{xy} \geqslant \tau_{f-\max} & \text{断面解锁} \end{cases} \tag{3-5}$$

如图 3-29(b)所示为断面试样加载到某一时刻(σ_1 为一定值)时非均匀粗糙断面上各应力分布示意图,由图可知,断面局部存在多处闭锁和解锁区域,此时一旦断面上局部最大应力差大于断面围岩的抗拉强度时,即满足 $\max\{\Delta\tau=\sigma_{xy}-\tau_f\}>\sigma_t$[如图(b)中所示的 $AA'C'C$ 劈裂点],围岩便产生拉破坏[如图 3-29(c)所示]。根据断裂力学理论,图 3-29(c)所示的应力状态及其赋存的端部竖直拉裂纹可视为 I 型裂纹扩展,因此,按照最大周向应力准则,裂纹将进一步沿着竖直拉裂纹尖端扩展,最终形成垂直于断面的宏观破坏裂纹,如图 3-30 所示。

图 3-30　等效劈裂破坏选图

上述分析可知,断面滑移过程中产生等效劈裂破坏的力学机制主要由摩擦应力和断面围岩的抗拉强度控制,具体由摩擦系数(或粗糙度)、断面倾角及其围岩抗拉强度控制。

●当断面粗糙度及断面倾角一定时,断面围岩强度越大,围岩越不容易产生等效劈裂破坏,极端情况下(应力差 $\Delta\tau$ 远小于围岩的抗拉强度),当断面产生解锁滑移时,断面—围岩系统释放的能量以解锁滑移释放的能量为主;反之,围岩容易产生等效劈裂破坏,断面—围岩系统释放的能量以围岩产生拉破坏释放的能量为主。

●当断面围岩强度及断面倾角一定时,断面粗糙度越大,围岩越容易产生等效劈裂破坏,极端情况下断面永久闭锁,直至产生等效劈裂破坏;反之,容易产生解锁滑移。

●同理,当断面粗糙度及断面围岩强度一定时,断面倾角越大,围岩越不容易产生等效劈裂破坏,极端情况下,断面解锁滑移,围岩不发生破坏,断面—围岩系统极其不稳定;反之断面闭锁,最终产生等效劈裂破坏。

●当断面粗糙度和围岩强度较大、断面倾角较小时,断面—围岩系统既不容易产生解锁滑移也很难产生等效劈裂破坏,这种情况下,断面—围岩系统极易积聚弹性能,系统一旦解锁或劈裂破坏,释放的能量将是毁灭性的,极易引起灾难性事故。因此,通过降低断层附近围岩的强度可在一定程度上破坏断面—围岩系统积聚能量的条件,从而达到预防动力灾害的目的,如冲击矿压。

3.5　本章小结

基于 MTS-C64.106 电液伺服材料实验机平台,采用声发射和数字照相量测监测手段,开展了断面不同粗糙度、不同倾角、不同围岩强度的物理力学试验,具体研究了静载作用下断面试样的宏观破裂显现、力学响应、位移响应、声发射响应特征,小结如下:

(1)揭示了断层试验中不同断面粗糙度下的宏观破裂显现、力学及声发射响应特征。随着断面粗糙度的增大,断面摩擦系数也增大,其应力应变曲线越陡,加载初始阶段的曲线下凹部分历时越短;同时随着载荷的进一步增加,断面滑移时间变短,错动滑移量显著减少,试样越容易闭锁。断面粗糙度越大,断面试样在实验加载过程中的声发射累计撞击曲线越陡,损伤程度越剧烈;同时,其能量和计数也越大,表明粗糙度越大,解锁时段释放的能量及其破坏程度越大,可解释为断面闭锁阶段弹性能越容易积聚。

(2)揭示了断层试验中不同断面倾角下的宏观破裂显现、力学及声发射响应特征。随着断面倾角的减小,试样的宏观破裂由少量单一劈裂发展到大量劈裂贯穿,甚至整体溃崩或冲击破坏,对应的声发射分布由简单的沿断面集中展布到沿断面呈椭球体扩散,甚至"内爆"式分布。进一步根据完整试样加载下声发射事件呈随机离散分布的特征可知,声发射事件沿断面成丛成条带的分布特征可作为断面活化的前兆信息。断面倾角越小,断面试样越容易闭锁,峰值应力也越大,且最大不超过完整试样加载下的破坏峰值应力;同时断面的存在可以明显降低试样的应力强度以及试样破裂时的剧烈程度,且应力降低程度整体上随着断面倾角的增大而增大。断面倾角越小,声发射累计撞击曲线越陡,损伤程度更剧烈;声发射 G-R 幂律关系显示,断面倾角越大,断面越容易活化,声发射活动性越强,并以释放低能量声发射事件为主。

(3)揭示了断层试验中不同围岩强度下的宏观破裂显现、力学及声发射响应特征。随着围岩强度的增大,断面试样的宏观破裂由少量单一劈裂发展到大量劈裂贯穿破坏,其中低强度围岩断面试样呈现出损伤累积型破坏,高强度围岩断面试样呈现出瞬间劈裂破坏,且裂纹形状大而清晰。随着围岩强度的减小,断面试样的峰值破坏应力明显减小,应力应变曲线变陡,加载初始阶段的下凹部分历时变短;同时,声发射累计撞击曲线变得越陡,能量及计数越大,这与增大断面粗糙度呈现出的力学及声发射响应特征一致。声发射 G-R 幂律关系显示,随着断面围岩强度的增大,声发射的活动性及强度均增大,这与现场坚硬顶板条件下断层区域附近进行采掘活动时出现的微震频次及能量积聚增加的现象相吻合。

(4) 揭示了断层试验中的位移变形特征。采用数字照相量测技术观测断面试样的位移变形特征显示,实验过程中断层两盘之间产生明显的剪切滑移,断面上形成明显的剪切带,且剪切带上的应变数值呈非均匀分布,并存在多处明显的应变集中区。

(5) 揭示了断层试验中的黏滑震荡特性以及等效劈裂破坏力学作用机制。断面试样在加载初期的应力应变曲线呈现出黏滑震荡特性,该阶段应力整体上呈逐渐增大的趋势,并产生准周期性的降低和上升,滑动趋于规则黏滑;同时,该阶段的声发射能量及计数比较平静,累计撞击曲线较为平缓,直至结束,对应的声发射事件沿断面零星分布。断面试样的宏观破裂显现表明,几乎所有破坏的断面试样均出现与断面垂直的劈裂裂纹,称之为等效劈裂裂纹。其声发射特征显示,劈裂破坏裂纹位置集中分布有声发射事件,且分布形态与裂纹扩展的形态基本一致;另外,在宏观劈裂裂纹出现前,劈裂位置就已经出现声发射事件,并随着载荷的增加,事件逐步增多并连通,说明等效劈裂破坏是一个由内部微观裂隙萌生、扩展、贯通至最终宏观裂纹产生的过程。位移变形特征显示,断面试样最终劈裂破坏的位置与断面上最大应变集中的位置一致。等效劈裂破坏的力学机制具体由断面摩擦系数或粗糙度、倾角及其围岩抗拉强度控制:当断面上局部最大应力差大于断面围岩抗拉强度时,断面试样将产生垂直于断面方向的竖直拉裂纹,并按照 I 型裂纹扩展,最终产生等效劈裂破坏。

4　动载作用下的断层相似模拟试验

相似材料模拟试验具有条件易控、破裂形态直观、试验周期短、重复性强等优点,是研究煤矿开采过程中覆岩运移、岩体变形以及煤体应力变化的重要手段。关于断层相似试验研究,大量学者从采动诱发断层活化,以及断层活化反过来引起围岩破裂及其应力变化等方面进行了研究。根据第 1 章文献综述,目前断层型冲击矿压的相似模拟试验研究主要围绕如下两个问题:开采活动如何引起断层活化;断层活化又如何影响工作面煤体应力状态。研究结果指出[20],开采活动、断层活化以及工作面煤岩体冲击三者之间的作用关系可概括为:采动影响增加了断层活化的可能性;工作面煤体承载的局部失效是引起断层活化的直接原因;断层活化引起的冲击效应是工作面煤体大范围冲击的原因。以往工作主要集中研究采动应力场与断层应力场之间的相互影响关系,即采场围岩与断层之间的静载效应,然而关于采动形成的动载应力波对断层破裂滑移、力学响应及声发射响应特征研究还较少。第 2 章数值仿真结果也明确表明,动载应力波扰动作用下的断层超低摩擦效应在诱发断层型冲击矿压中不容忽视。

鉴于此,本章基于课题组自主研发的冲击力可控式冲击矿压物理相似模拟平台,采用声发射、应力、数字照相等监测手段,研究动载应力波作用下断层活化滑移的显现、力学及声发射响应特征,试图证明动载作用下断层超低摩擦效应及其活化滑移现象的存在,并揭示动载应力波作用下断层活化滑移的力学作用机制。

4.1　相似模拟试验设计

4.1.1　试验目的及内容

本次相似试验的目的为通过研究不同动载强度作用下断层面破裂滑移、力学及其附近采掘空间围岩中声发射的响应特征,力求揭示断层的超低摩擦效应及其扰动响应力学机制,进而达到解释断层型冲击矿压中断层对象环路中动载效应的目的。试验内容包括：

（1）不同动载强度作用下，断层面的破裂滑移特征

通过改变摆锤高度模拟不同动载强度的应力波，采用试验现场观测和数字照相手段研究不同动载强度作用下断层面的破裂滑移特征。

（2）不同动载强度作用下，断层面的力学响应特征

不同动载强度的应力波通过改变摆锤高度来模拟，断层面应力状态通过模型铺设过程中事先布置于断层面上的压力盒测量，其动态力学响应过程通过采用 DHDAS 动态信号采集系统实现。

（3）不同动载强度作用下，断层围岩的声发射响应特征

不同动载强度的应力波通过改变摆锤高度来模拟，摆锤的每次打击过程全程采用声发射监测。试验进行之前，首先采用原位试验确定声发射系统的采集和定位参数；其次，分析不同动载强度作用下断层围岩中声发射活动性参数的响应特征；最后，通过对比分析原始输入的动载源信号、巷道开挖时的采动破岩信号、动载作用诱发的煤岩破裂信号，以及动载作用诱发的断层滑移信号，获取各种不同类型信号的波形、频谱及分形参数特性，并依此进一步筛选和揭示出动载作用下断层活化滑移信号的特征。

4.1.2　模型相似比的确定

根据相似材料模拟的"相似定律"（几何相似、物理现象相似、初始及边界条件相似），首先确定出模型的几何相似比。本次试验选用的模型架尺寸为：1.6 m×0.4 m×1.2 m（长×宽×高），最终根据试验目的及要求，确定出模型的几何相似比为：$C_l = 25$。

现场煤系地层岩体的平均密度为 2.5 g/cm³，以砂子为骨料制成的相似材料固结物平均密度为 1.5 g/cm³，因此密度相似比为：$C_\rho = 2.5/1.5 \approx 1.667$。

根据上述确定出的模型几何相似比 C_l 和密度相似比 C_ρ，即可求得相似模型的应力相似比为：$C_\sigma = C_l \times C_\rho = 25 \times 1.667 = 41.675$。进一步根据量纲分析，可求得相似模型的能量相似比为：$C_E = C_l^4 \times C_\rho = 25^4 \times 1.667 \approx 6.512 \times 10^5$。

4.1.3　相似试验参数及模型制作

本次相似模拟试验的实际岩层属性参照兴安矿四水平南 11 层二三区二段 2006-1（13-14 线）钻孔资料拟定。进一步根据相似材料的应力相似比，可将煤岩层实际强度值转换成相似材料的模拟强度值。以现场钻孔岩层赋存情况为基准，本次模型上边界覆岩厚度为 600 m，计算获得上部边界载荷为：

$$p = \rho g h = 2\,500 \times 10 \times 600 = 15.00 \text{ MPa} \tag{4-1}$$

$$p_m \approx p/C_\sigma \approx 0.360 \text{ MPa} \tag{4-2}$$

式中　p_m——模型的顶部应施加的面力，MPa；

　　　ρ——原型岩石的密度，kg/m³；

　　　h——模拟原型中上覆岩层的厚度，m。

考虑到原型煤岩体所受应力状态为三向受力，而本次相似模拟试验采用平面应力模型，同时为防止模型在加载时沿自由面冒出垮落，试验时边界载荷取实际值的 1/4，即 0.090 MPa，换算成载荷为 57.6 kN，采用液压油缸均布加载。

本次相似试验以砂子为骨料，碳酸钙、石膏为胶结材料，硼砂为缓凝剂。根据相似材料的模拟强度值，经反复调整，最终获得各层相似材料的最佳配比。然后根据模型架的横截面积，煤岩层模拟厚度及几何相似比，即可计算出所需各相似材料的体积，进而根据相似材料的密度及配比计算出各煤岩层相似材料的重量。经过适当简化实际模型，最终设计出本次相似试验模型及其监测方案如图4-1 所示，进一步根据相似试验模型确定出模型制作步骤及相应的材料配制参数，见表 4-1 和表 4-2。根据试验设计，在距离支架底部 0.1 m 的位置加入倾角为 60° 的正断层，即断层将模型分为左右两个部分，如图 4-1 所示。自煤层底板开始，逐层称取相似材料，干拌均匀后，加水拌匀，倒入模型架，铺平锤实。先铺设下盘岩层，铺设好后，在断层面撒上云母粉，模拟断层结构面，下盘制作好后再铺设上盘岩层。每层铺好后，在层面上撒上云母粉，模拟层理结构面，再依次铺设上层岩层。

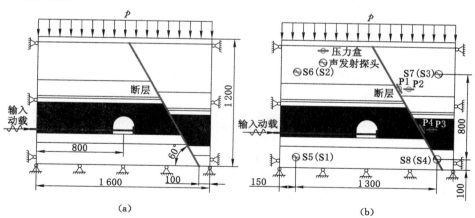

图 4-1　相似模拟试验方案设计

（a）相似材料模型设计；（b）压力盒及声发射布置方案

表 4-1   断层下盘相似模型材料用量表

岩层名称	配比号	模拟厚度/cm	模拟强度/kPa	总干重/kg	砂/kg	碳酸钙/kg	石膏/kg	水/kg	硼砂/g
粗砂岩	455	36	158.66	214.28	171.42	21.43	21.43	26.79	267.85
细砂岩	337	15	259.62	105.60	79.20	7.92	18.48	13.20	132.00
中砂岩	537	2	173.08	14.60	12.17	0.73	1.70	1.83	18.25
细砂岩	337	4	259.62	30.00	22.50	2.25	5.25	3.75	37.50
11 煤	673	29	43.27	232.00	198.86	23.20	9.94	29.00	290.00
中砂岩	537	9	173.08	78.34	65.28	3.92	9.14	9.79	97.93
粗砂岩	455	20	158.66	184.32	147.46	18.43	18.43	23.04	230.40
	总厚度	115	总重	859.14	696.89	77.88	84.37	107.40	1 073.93

表 4-2   断层上盘相似模型材料用量表

岩层名称	配比号	模拟厚度/cm	模拟强度/kPa	总干重/kg	砂/kg	碳酸钙/kg	石膏/kg	水/kg	硼砂/g
粗砂岩	455	46	158.66	189.60	151.68	18.96	18.96	23.70	237.00
细砂岩	337	15	259.62	43.59	32.69	3.27	7.63	5.45	54.49
中砂岩	537	2	173.08	5.19	4.33	0.26	0.61	0.65	6.49
细砂岩	337	4	259.62	9.93	7.45	0.74	1.74	1.24	12.41
11 煤	673	29	43.27	54.38	46.61	5.44	2.33	6.80	67.98
中砂岩	537	9	173.08	10.60	8.83	0.53	1.24	1.33	13.25
粗砂岩	455	10	158.66	8.26	6.61	0.83	0.83	1.03	10.33
	总厚度	115	总重	321.55	258.20	30.03	33.34	40.20	401.95

注:(1) 配比号含义:第一位数字表示砂胶比;第二、第三位数字表示胶结物中两种胶结物的比例关系。(2) 用水量为试件重量的 1/9,硼砂用量约为水量的 1/100。例如,表中 452,表示砂胶比为 4:1,一份胶结物中碳酸钙:石膏为 5:2。

4.1.4 试验仪器及其布置

本次试验主要由动载加载系统、DHDAS 动态信号采集器、压力盒和声发射监测系统组成,其中,声发射采用 8 通道监测,模型正背面对应位置各布置 4 个探头,设计如图 4-1(b)所示,声发射探头标示处括号中的编号(如 S1)表示模型背面对应位置布置的探头编号;压力监测采用 2 组压力盒,并分别置于煤层和顶板位置,每组由 2 个压力盒组成,分别置于断层面及其附近的岩层层面。模型铺设及仪器最终布置如图 4-2 所示。

图 4-2　相似模型及仪器布置

值得一提的是,模型在施加上部均布载荷时,为防止模型沿前后自由面冒出垮落,试验时模型前后均安置了挡板,并设计了观测窗口用于观测巷道的变形情况,待模型载荷稳定以后,拆除前部挡板,并开展动载作用下的断层响应特征试验。

4.2　动载作用下断层面的破裂滑移特征

模型铺设好后,置于自然条件下风干 20 d,于 2014 年 12 月 24 日进行试验。试验前,在模型前后安置挡板,然后采用液压油缸在模型上部施加 57.6 kN 的均布载荷;待模型稳定后,在事先预留的矩形窗口位置处开挖已设计好的半圆拱巷道,并安装锚杆、锚网等支护相似材料;模型稳定一段时间后,拆除模型前部挡板并开始动载试验。

每次动载通过调整摆锤的不同高度来模拟不同强度的动载应力波。经设计,本次试验采用的摆锤质量为 20 kg,摆杆长度为 1 m,即摆锤可设置的最大高度为 2 m;经计算,实际可输入的最大重力势能为 $20 \times 9.8 \times 2$ J＝392.0 J,乘以能量相似比 C_E 可获得实际可模拟的势能约为 2.55×10^8 J。相关研究结果表明[256],在矿区,监测到的矿震能量占煤岩体破裂过程期间所释放总能量的比值一般为 0.26%～3.6%,平均 1.9%。依此可计算出本次相似试验可模拟的最大矿震动载能量为 4.85×10^6 J,这与矿山微震监测系统实际监测到的矿震能量量级相当,因此,该试验可满足模拟实际现场的要求。具体整个试验过程及其声发射监测结果如图 4-3 所示,以下描述的正文中括号中数值表示摆锤高度。

第 1 步:模拟动载能量为 2.42×10^5 J(0.1 m),模型整体几乎没有变形、掉渣等显现;

第 2、3 步:模拟动载能量为 4.85×10^5 J(0.2 m)、7.27×10^5 J(0.3 m),巷道底板浮料被冲开,右帮出现细微掉渣;

第 4～6 步:模拟动载能量为 9.70×10^5 J(0.4 m)、1.21×10^6 J(0.5 m)、1.45×10^6 J(0.6 m),巷道上部和右帮出现细微掉渣;

第 7 步:模拟动载能量为 1.70×10^6 J(0.7 m),断层附近开始出现掉渣;

第 8～10 步:模拟动载能量为 1.94×10^6 J(0.8 m)、2.18×10^6 J(0.9 m)、2.42×10^6 J(1.0 m),巷道上部、右帮及断层附近继续出现细微的掉渣;

第 11～16 步:模拟动载能量为 2.67×10^6 J(1.1 m)、2.91×10^6 J(1.2 m)、3.15×10^6 J(1.3 m)、3.39×10^6 J(1.4 m)、3.64×10^6 J(1.5 m)、3.88×10^6 J(1.6 m),巷道帮部出现明显的破裂,而断层附近仍然以细微掉渣现象为主;

第 17 步:上部均布载荷增至 80 kN,巷道进一步出现明显的破裂;

第 18 步:上部均布载荷增至 100 kN,岩层开始整体沿断层发生错动;

第 19 步:上部均布载荷增至 110 kN,巷道帮部破裂及断层错动显著,模型整体坍塌,试验结束。

上述试验结果表明,动载应力波扰动对断层的稳定性产生一定的影响,且这种影响随着动载强度的增大而增大;试验最后增加上部载荷引起断层显著错动的现象表明,单纯的动载应力波不足以触发断层大范围错动,断层大范围失稳仅发生在断层上切应力接近或达到临界值的时刻,这也解释了为什么并不是任何开采深度下断层区域开采时都会发生断层型冲击矿压,而只有当开采深度达到一定值时,才能产生足够大的切应力,进而引发断层型冲击矿压。因此,静态切应力的增强和动态应力波触发的瞬间张应力在研究断层型冲击矿压中同等重要。

(a)　　　　　　　　　(b)　　　　　　　　　(c)

(d)　　　　　　　　　(e)　　　　　　　　　(f)

(g)　　　　　　　　　(h)　　　　　　　　　(i)

(j)　　　　　　　　　(k)　　　　　　　　　(l)

(m)　　　　　　　　　(n)　　　　　　　　　(o)

图 4-3　试验过程及其声发射监测

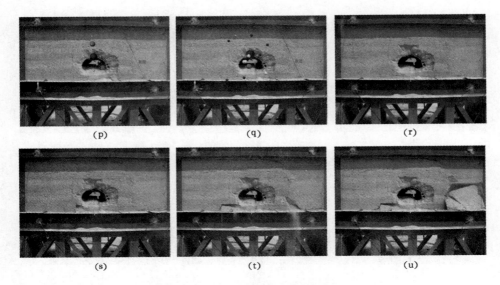

续图 4-3 试验过程及其声发射监测

(a) 试验前；(b) 模拟动载能量 2.42×10⁵ J；(c) 模拟动载能量 4.85×10⁵ J；

(d) 模拟动载能量 7.27×10⁵J；(e) 模拟动载能量 9.70×10⁵ J；(f) 模拟动载能量 1.21×10⁶ J；

(g) 模拟动载能量 1.45×10⁶ J；(h) 模拟动载能量 1.70×10⁶ J；(i) 模拟动载能量 1.94×10⁶ J；

(j) 模拟动载能量 2.18×10⁶ J；(k) 模拟动载能量 2.42×10⁶ J；(l) 模拟动载能量 2.67×10⁶J；

(m) 模拟动载能量 2.91×10⁶ J；(n) 模拟动载能量 3.15×10⁶ J；(o) 模拟动载能量 3.39×10⁶ J；

(p) 模拟动载能量 3.64×10⁶ J；(q) 模拟动载能量 3.88×10⁶ J；(r) 载荷增至 80 kN；

(s) 载荷增至 100 kN；(t) 载荷增至 110 kN；(u) 试验结束

4.3 动载作用下断层面的力学响应特征

4.3.1 断层面应力测量方法

参照文献中的做法[14]，断层面上的应力状态（正应力 σ_{yy} 和切应力 σ_{xy}）可通过在断层面附近埋设一组压力盒测得，其中一个沿断层面埋设，另一个沿断层附近的岩层层面埋设，其埋设布置及其受力分析如图 4-4 所示。图中，断层正应力 σ_{yy} 由压力盒 P1 测得，应力 F_2 由压力盒 P2 测得，δ 为断层倾角。由静力平衡条件 $\sum F_y = 0$ 可得出断层面切应力及其应力比 $\tan \varphi_\sigma$ 为：

$$\begin{cases} \sigma_{xy} = (\sigma_{yy} - F_2)\cot\delta \\ \tan\varphi_\sigma = \dfrac{\sigma_{xy}}{\sigma_{yy}} = \left(1 - \dfrac{F_2}{\sigma_{yy}}\right)\cot\delta \end{cases} \tag{4-3}$$

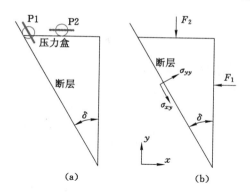

图 4-4　断层面应力观测示意图

（a）断层面压力盒布置图；（b）断层面受力分析

4.3.2　断层面力学响应特征

按照方案设计,本次试验共布设 2 组压力盒用于分别监测断层附近煤层（压力盒 P3 和 P4）和顶板（压力盒 P1 和 P2）位置处的断层面应力状态,如图 4-1（b）所示。选取试验过程中压力盒监测数据比较完整的 3 组试验（模拟动载能量分别为 7.27×10^5 J、1.21×10^6 J、1.45×10^6 J）,根据式（4-3）的计算最终绘制出如图 4-5 所示的断层面应力及其应力比数值变化曲线。

由图 4-5 可知,动载应力波扰动作用下,断层面上的切应力增加,正应力减小,其中切应力增加幅度较小,正应力急剧降低,其应力甚至由压应力变为拉应力,表明动载作用主要通过改变断层的正应力状态使得断层面承受瞬间的拉应力,即断层两盘岩层间的相对压紧程度消失,断层面的摩擦强度达到超低,最终产生超低摩擦效应,此时断层极易活化失稳;动载扰动作用期间,应力比数值曲线呈现出动态失稳形态,表明动载作用下断层容易出现瞬间的动态失稳;断层面上的切应力和正应力增量随着动载强度的增大而增大,其应力比曲线的扰动程度随着动载强度的增大而愈加剧烈,说明动载强度越大对断层应力状态的改变越明显;煤层中应力比曲线的扰动程度明显高于远离动载源的顶板,说明动载源离断层越近,断层活化失稳的可能性就越大。

综上所述,上述试验结果与第 2.2.2 小节数值仿真计算得出的结论基本相符,由此可揭示出动载扰动作用下断层超低摩擦效应的力学机制为动载应力波扰动通过改变断层应力状态,尤其是显著降低断层正应力数值甚至改变其作用方向,使得断层上下盘岩层间相对压紧程度降低,甚至由最初的压应力状态变为拉应力状态,从而使得断层在某一时刻出现摩擦"消失"现象。此外,试验结果还

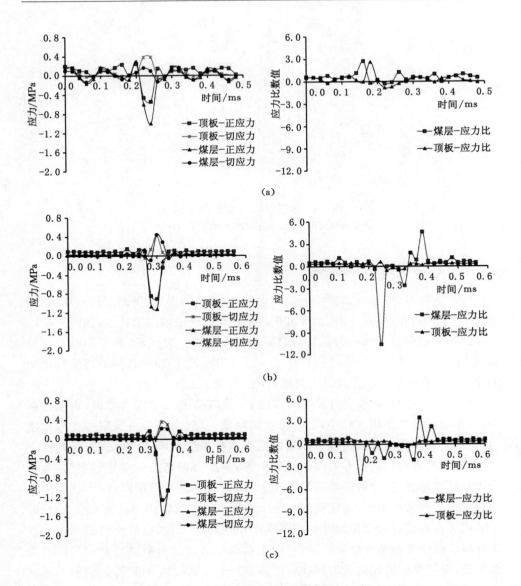

图 4-5　不同动载强度下的断层力学响应特征

（a）模拟动载能量 7.27×10^5 J；（b）模拟动载能量 1.21×10^6 J；（c）模拟动载能量 1.45×10^6 J

表明,降低动载强度和增大动载源离断层的距离可有效控制断层型冲击矿压的发生。

4.4 动载作用下断层围岩的声发射响应特征

4.4.1 声发射原位试验

为获得较为精确的声发射定位结果,在最初利用人工敲打模型表面作为声源获取声发射仪器定位参数的基础上,进一步对模型巷道开挖期间的煤岩破裂信号进行了全程监测,并通过反复微调声发射分析软件中各定位参数,最终获得如图 4-6 所示巷道开挖期间的声发射定位结果。由图可知,声发射事件以巷道轴线为圆心向外扩散分布,这与理论计算得出的巷道围岩塑性区边界(亦称声发射包络线)以及现场巷道围岩松动圈的形状一致,说明该参数下的声发射定位结果较为精确,可以满足试验的需要;此外,图中声发射事件以巷道轴线为中心对称分布,并未出现沿断层集中分布或偏向断层面分布的异常现象,说明巷道开挖期间对断层的活动几乎不产生影响。

声发射图例,单位为 dB		
等级 1	●	30～40
等级 2	●	40～50
等级 3	●	50～60
等级 4	●	60～70
等级 5	●	70～80
等级 6	●	80～90
等级 7	●	90～100

图 4-6 声发射原位试验

4.4.2 声发射活动特征分析

如图 4-7 所示为不同动载强度作用下声发射活动性参数幅值和振铃计数的响应特征,从图中可以看出,随着模拟动载能量(2.42×10^5 J、1.45×10^6 J、2.67×10^6 J、3.88×10^6 J)的增加,动载源强度(45 dB、89 dB、91 dB、98 dB)越大,说明通过调整摆锤高度的方法模拟不同的动载强度是可行的;动载过后,声发射信号并没有停止,而是继续出现大量的声发射撞击信号,且其幅值和计数呈指数衰减,出现类似于地震"主震—余震"的现象,说明动载作用可以诱发煤岩体的破裂和断层滑移。

从每次动载撞击试验过程中声发射空间分布图可以看出(如图 4-3 所示),

随着动载强度的增大,声发射事件的强度和频次整体上加大,同时在模拟动载能量为 1.21×10^6 J 和 2.67×10^6 J 时,断层上明显出现了声发射事件,再次说明动载作用诱发了断层滑移。

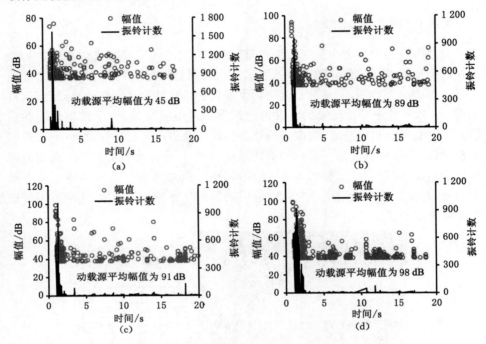

图 4-7　动载作用下声发射活动性参数特征

(a) 模拟动载能量为 2.42×10^5 J;(b) 模拟动载能量为 1.45×10^6 J;

(c) 模拟动载能量为 2.67×10^6 J;(d) 模拟动载能量为 3.88×10^6 J

4.4.3　信号特征分析

震动波在地层传播过程中,往往携带有反映地层特性和震源特征的重要信息,如断层、裂隙带、地质声学特性、震源机制特征等,这些信息主要体现在震动波强度的衰减、频率结构特征和信号局部奇异性上,因此对震动波信号的分析具有重要意义。为了定量分析各破裂信号的波形特征,以更好地区分不同类型的波形信号,本节在频谱分析手段的基础上,另引入分形维数。

1973 年,Mandelbrot[257] 提出了分形的思想,为非线性研究提供了一种创新性的理论分析工具。分形维数是分形对象的复杂度和不规则度的定量描述。粗略地说,维数表示集合占有空间的大小,n 维空间至少有 n 个独立的变量,因此点、线、面、体的维数分别为 0,1,2,3。为了定量描述客观事物的不规则度,维数从整数扩大到分数,突破了一般拓扑集维数为整数的界限。分形维数的计算方法繁多,其中应用最多的有 Hausdorff 维数、关联维数、相似维数、盒维数、信息维数、谱维数等。

若 $N(\Delta)$ 是覆盖一个点集所用边长为 Δ 的方形盒子的最小数目,如图 4-8 所示,则点集的盒维数定义为:

$$D_q = -\lim_{\Delta \to 0} \frac{\lg N(\Delta)}{\lg \Delta} \tag{4-4}$$

在盒维数中,只考虑了所需 Δ 盒子的个数,而对每个盒子所覆盖的点数多少没加区别,于是定义信息维数:

$$D_i = -\lim_{\Delta \to 0} \frac{\sum_{i=1}^{n} p_i \lg(1/p_i)}{\lg \Delta} \tag{4-5}$$

式中,p_i 是一个点落在第 i 个盒子中的概率,当 $p_i = 1/N$ 时,$D_1 = D_0$。

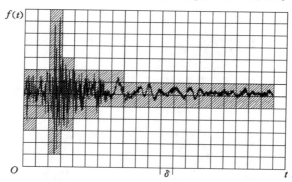

图 4-8　盒维数的计算

4.4.3.1　动载源信号特征

（1）波形特征

选取模拟动载能量为 1.21×10^6 J 时的动载源信号为研究对象,如图 4-9 所示,图中巷道正中球体为此次动载试验中动载源的定位位置,四角放置的曲线图分别为模型对应位置处正背面布置的声发射探头所接收到的波形信号。从图中可以看出,模型左下角声发射探头（S5 和 S1）接收到的声发射信号的最大幅值之和为 4.06 V,左上角声发射探头（S6 和 S2）接收到的声发射信号的最大幅值之和为 3.91 V,右上角声发射探头（S7 和 S3）接收到的声发射信号的最大幅值之和为 2.02 V,右下角声发射探头（S8 和 S4）接收到的声发射信号的最大幅值之和为 3.21 V,即信号衰减后幅值排序为:左下角＞左上角＞右下角＞右上角;而动载源输入位置与各探头之间的距离排序为:左上角＞右上角＞左下角＞右下角,为何这和应力波传播衰减程度与距离之间呈正比的结论相悖?结合模型设计图(图 4-1 所示)分析发现,动载源传播到左下角探头需要穿过 2 层层理面,到左上角需要穿过 4 层层理面,到右上角需要穿过 4 层层理面和 1 个断层面,到右下角需要穿过 2 层层理面和 1 个断层面,因此上述现象就不难解释了,即由于 4 层层理面和距离的存在使得左上角的衰减程度要大于左下角,而断层面的存在使得右下角的衰减程度大于左下角和左上角(虽然其距离要小于左上角和左下角),至于右上角由于其传播距离仅小于左上角同时还需穿过 4 层层理面和 1 个断层面,从而导致其传播信号衰减的程度最大。综上所述,模型设计的断层面很好地起到了破坏岩层连续性以及改变应力波传播特性的作用,可以较好地反映现场实际情况,同时还表明采用声发射监测动载作用下相似模型中煤岩体的破裂及断层的活动性是可行的。

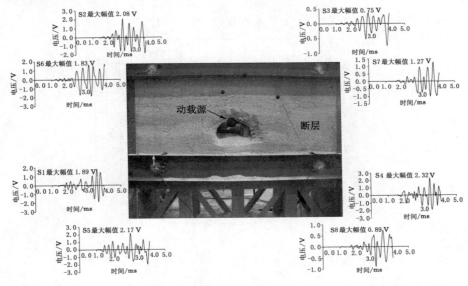

图 4-9　动载源信号波形特征

(2)频谱特征

分析各声发射探头接收到的信号频谱特征发现(如图 4-10 所示),左下角(S5 和 S1)的主频带宽最大,为 0~8 kHz,其次为左上角(S6 和 S2)的 0~6 kHz,最后分别为右下角的(S8 和 S4)平均 0~5 kHz 和右上角(S7 和 S3)的平均 0~4 kHz,说明衰减程度越大,对应着高频成分衰减的越多。

(3)震源机制—矩张量

根据矩张量分析方法[258],对于由 n 个单向传感器监测波形记录的震源,震

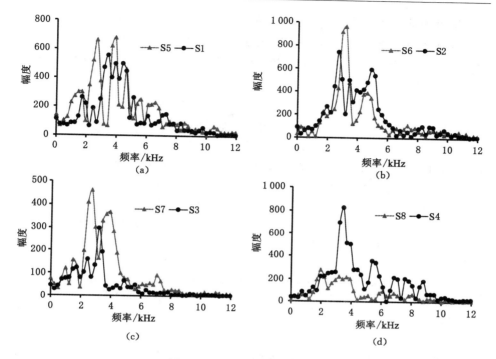

图 4-10　动载源信号频谱特征

（a）左下角通道 S1 和 S5；（b）左上角通道 S2 和 S6；

（c）右上角通道 S3 和 S7；（d）右下角通道 S4 和 S8

源破裂矩张量可以表示为：

$$
\begin{bmatrix} M_{11} \\ M_{12} \\ M_{13} \\ M_{22} \\ M_{23} \\ M_{33} \end{bmatrix} = 4\pi\rho v_{\mathrm{P}}^3 \begin{bmatrix} \dfrac{\gamma_{1-1}^2\gamma_{3-1}}{r_1} & \dfrac{2\gamma_{1-1}\gamma_{2-1}\gamma_{3-1}}{r_1} & \dfrac{2\gamma_{1-1}\gamma_{3-1}^2}{r_1} & \dfrac{\gamma_{2-1}^2\gamma_{3-1}}{r_1} & \dfrac{2\gamma_{2-1}\gamma_{3-1}^2}{r_1} & \dfrac{\gamma_{3-1}^3}{r_1} \\[2mm] \dfrac{\gamma_{1-2}^2\gamma_{3-2}}{r_2} & \dfrac{2\gamma_{1-2}\gamma_{2-2}\gamma_{3-2}}{r_2} & \dfrac{2\gamma_{1-2}\gamma_{3-2}^2}{r_2} & \dfrac{\gamma_{2-2}^2\gamma_{3-2}}{r_2} & \dfrac{2\gamma_{2-2}\gamma_{3-2}^2}{r_2} & \dfrac{\gamma_{3-2}^3}{r_2} \\[2mm] \dfrac{\gamma_{1-3}^2\gamma_{3-3}}{r_3} & \dfrac{2\gamma_{1-3}\gamma_{2-3}\gamma_{3-3}}{r_3} & \dfrac{2\gamma_{1-3}\gamma_{3-3}^2}{r_3} & \dfrac{\gamma_{2-3}^2\gamma_{3-3}}{r_3} & \dfrac{2\gamma_{2-3}\gamma_{3-3}^2}{r_3} & \dfrac{\gamma_{3-3}^3}{r_3} \\[2mm] \vdots & \vdots & \vdots & \vdots & \vdots & \vdots \\[2mm] \dfrac{\gamma_{1-n}^2\gamma_{3-n}}{r_n} & \dfrac{2\gamma_{1-n}\gamma_{2-n}\gamma_{3-n}}{r_n} & \dfrac{2\gamma_{1-n}\gamma_{3-n}^2}{r_n} & \dfrac{\gamma_{2-n}^2\gamma_{3-n}}{r_n} & \dfrac{2\gamma_{2-n}\gamma_{3-n}^2}{r_n} & \dfrac{\gamma_{3-n}^3}{r_n} \end{bmatrix}^{-1} \begin{bmatrix} u_{\mathrm{P}-1} \\ u_{\mathrm{P}-2} \\ u_{\mathrm{P}-3} \\ \vdots \\ u_{\mathrm{P}-n} \end{bmatrix}
$$

$$（4\text{-}6）$$

式中，M_{11}、M_{12}、M_{13}、M_{22}、M_{23}、M_{33} 分别为矩张量 6 个独立分量；矩阵上标 -1 表示求逆矩阵；ρ 和 v_{P} 分别表示岩体的密度和 P 波速度；$u_{\mathrm{P}-i}$ 表示第 i 个传感器标示的 P 波位移；$\gamma_{1-i}=\Delta x/r_i$、$\gamma_{2-i}=\Delta y/r_i$、$\gamma_{3-i}=\Delta z/r_i$，其中 Δx、Δy 和 Δz 分别为震源与传感器的坐标差在 x、y、z 坐标轴上的投影长度，r_i 表示第 i 个传感器与震源之间的距离。

将矩张量分解成剪切破裂部分 M_{DC} 和张拉破裂部分 M_{CLVD}、M_{ISO}，其中 M_{ISO} 为矩张量的各向同性部分，使用 $DC\% = |M_{DC}|/(|M_{DC}| + |M_{CLVD}| + |M_{ISO}|)$ 来计算矩张量中剪切破裂分量的比重，并根据该比重进行破裂类型判断，见式（4-7）。

$$\begin{cases} DC\% \geqslant 60\% & \text{剪切破裂} \\ DC\% \leqslant 40\% & \text{张拉破裂} \\ 40\% < DC\% < 60\% & \text{混合破裂} \end{cases} \quad (4\text{-}7)$$

根据图 4-9 所示的动载源信号，获得其矩张量，并将其分解为：

矩张量 M

$$\begin{bmatrix} 9.3 \times 10^{12} & -2.9 \times 10^{12} & -6.7 \times 10^{12} \\ -2.9 \times 10^{12} & -5.9 \times 10^{13} & 6.3 \times 10^{12} \\ -6.7 \times 10^{12} & 6.3 \times 10^{12} & 1.9 \times 10^{14} \end{bmatrix} = \begin{bmatrix} 4.5 \times 10^{13} & 0 & 0 \\ 0 & 4.5 \times 10^{13} & 0 \\ 0 & 0 & 4.5 \times 10^{13} \end{bmatrix}$$

M_{ISO}

M_{DC}

$$\begin{bmatrix} -9.3 \times 10^{9} & -2.8 \times 10^{12} & -2.6 \times 10^{12} \\ -2.8 \times 10^{12} & -6.8 \times 10^{13} & 3.5 \times 10^{12} \\ -2.6 \times 10^{12} & 3.5 \times 10^{12} & 6.8 \times 10^{13} \end{bmatrix} + \begin{bmatrix} -3.6 \times 10^{13} & -1.1 \times 10^{11} & -4.2 \times 10^{12} \\ -1.1 \times 10^{11} & -3.6 \times 10^{13} & 2.85 \times 10^{12} \\ -4.2 \times 10^{12} & 2.85 \times 10^{12} & 7.21 \times 10^{13} \end{bmatrix}$$

$M_{CLVD} +$

$$(4\text{-}8)$$

最终，计算获得 $DC\% = 37\%$，即摆锤撞击作用下的动载源破裂类型为张拉破裂。

4.4.3.2 采动破岩信号特征

由第 4.4.1 节声发射原位试验分析得出，巷道开挖扰动作用对断层的活动性不产生影响，即声发射信号中不包含断层滑移信号，因此可选取巷道开挖期间所有幅值大于 60 dB 的撞击信号来近似代表采动破岩的信号。通过分析信号的波形、频谱及分形特征（如图 4-11 所示）发现，采动破岩信号大体分为两类，包括由信号 1、2、3、4、5、9、10、11 组成的 A 类以及由信号 6、7、8、12 组成的 B 类。其中 A 类信号频率低，主要分布在 0～10 kHz，主频单一，分形维数范围为 0.90～0.96；B 类信号持续时间长，衰减慢，尾波发育，频谱曲线嘈杂尖锐，其频率范围为 0～50 kHz，分形维数范围为 0.97～1.00，几乎接近于 1，该类信号较为复杂。

4.4.3.3 动载作用下煤岩破裂信号特征

由第 4.2 节分析可知，模拟动载能量为 2.42×10^{5} J 时，模型几乎没有变形、掉渣等显现，尤其是断层附近几乎不存在任何扰动现象，并且整个试验过程中压力盒的响应也不明显，因此该次试验中也不存在断层滑移信号。同样选取这次试验中所有大于 60 dB 的撞击信号作为动载作用下的煤岩破裂信

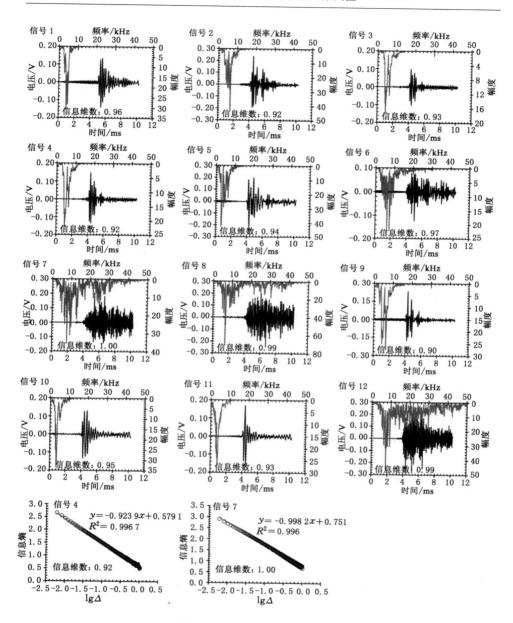

图 4-11 采动破岩信号特征

号,很明显由于此次试验动载强度较小,整个试验过程中大于 60 dB 的撞击信号仅 7 个,如图 4-12 所示。从图中可以看出,此次动载试验中出现了采动破岩信号中的 B 类信号(信号 1);其余信号均为同一类新信号,可近似表征动载作用下的煤岩破裂信号,命名为 C 类,此类信号持续时间较短,衰减快,频率范围为 0～150 kHz,主频呈多峰特性,其幅值变化呈正态分布模式,分形维数为 0.88～0.94。

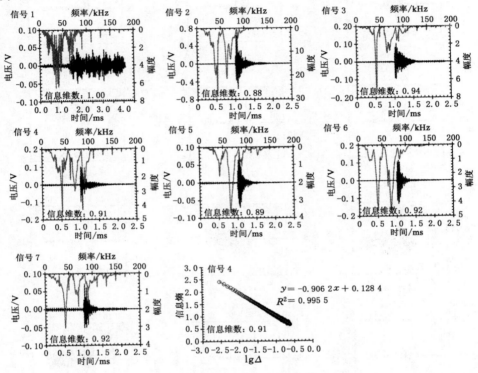

图 4-12　模拟能量为 2.42×10^5 J 动载作用下的煤岩破裂信号特征

4.4.3.4　动载作用下断层滑移信号特征

图 4-3 显示,模拟动载能量为 1.21×10^6 J 和 2.67×10^6 J 时,断层上明显出现了声发射信号,且这两次试验过程中的压力盒响应也非常明显。因此,同样选取模拟动载能量为 1.21×10^6 J 和 2.67×10^6 J 的两次试验中所有大于 60 dB 的撞击信号,分析其波形、频谱及分形特征,并与采动破岩信号(A 类和 B 类)及动载作用下煤岩破裂信号(C 类)比较,进而可筛选出断层滑移信号。

如图 4-13 所示为模拟动载能量 1.21×10^6 J 时的声发射撞击信号,从图中可以看出,此次动载试验诱发出两类信号,一类为 C 类信号,一类为新信号(信号 4 和信号 8),其中新信号便是动载作用下的断层滑移信号,称之为 D 类信号。

如图 4-14 所示为模拟动载能量 2.67×10^6 J 时的声发射撞击信号,由图可知,此次动载试验诱发了上述介绍的所有信号,包括 A 类信号(信号 2)、B 类信

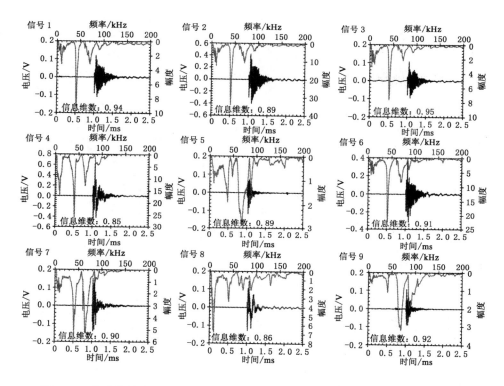

图 4-13　模拟能量为 $1.21×10^6$ J 动载作用下的煤岩破裂及其断层滑移信号特征

号（信号 1）、C 类信号（信号 6 和信号 7）和其余所有的 D 类信号；从图中显示的信号特征可以看出，断层滑移信号尾波发育呈震荡特性，同时波形中间位置出现"倒三角地堑"张开现象，且整体上呈现出多个周期扰动，表明该信号由断层多次瞬间错动滑移产生，这与动载作用下断层产生超低摩擦效应并引起断层动态失稳特征一致（见第 4.3.2 节和第 2.2.2 节）；具体断层滑移信号特征为，频率分布范围为 0～200 kHz，主频呈多峰特性，其幅值变化呈幂指数衰减分布模式，分形维数为 0.83～0.86。对比分析图 4-11、图 4-12、图 4-13 和图 4-14 可知，动载应力波作用不仅可以引起特殊形式的煤岩体破裂和断层滑移，如主频多峰特征，还可以诱发类似采动引起的煤岩体破裂；模拟动载能量分别为 $2.42×10^5$ J、$1.21×10^6$ J 和 $2.67×10^6$ J 时，断层滑移信号出现的数量从 0 发展到少量的 2 个以及最后以断层滑移信号为主的 6 个，表明在外界输入载荷不变的前提下，动载强度越大，断层滑移失稳的可能性就越大；当然，若断层切应力处于临界状态，则微小的动载扰动也能引起断层的滑移失稳。

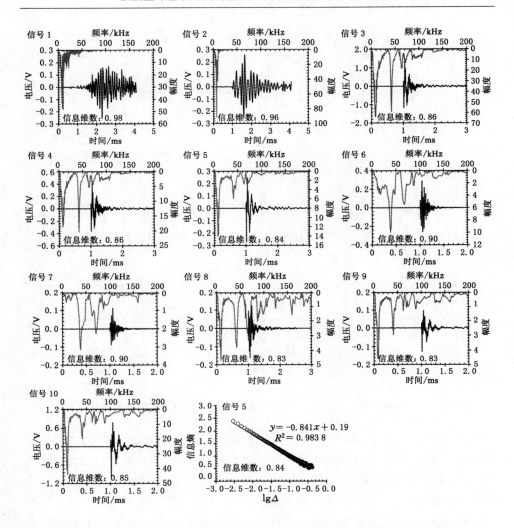

图 4-14　模拟能量为 $2.67×10^6$ J 动载作用下的煤岩破裂及其断层滑移信号特征

4.5　本章小结

　　基于课题组自主研发的冲击力可控式冲击矿压物理相似模拟平台,采用声发射、应力、数字照相等监测手段,研究了动载应力波作用下断层的破裂滑移显现、力学响应及声发射响应特征,小结如下:

　　(1)揭示了动载应力波作用下断层活化滑移的显现特征。动载应力波作用对断层的稳定性产生影响,这种影响随着动载强度的增大而增大,并以断层面掉渣和错动裂纹为显现特征,尤其是试验最后增加模型上部载荷后断层整体上出现显著错动。

(2) 揭示了动载应力波作用下断层活化滑移的力学作用机制。动载应力波通过改变断层应力状态,尤其是显著降低断层正应力数值甚至改变其作用方向,使得断层上下盘岩层间的相对压紧程度降低,甚至由最初的压应力状态变为拉应力状态,从而使得断层在某一时刻出现摩擦"消失"现象,即超低摩擦效应;模型上部载荷引起断层整体上显著错动的现象表明,单纯的动载应力波不足以触发断层大范围错动,断层大范围失稳仅发生在断层切应力接近或达到临界值时。

(3) 分析了动载源信号、采动破岩信号,以及动载应力波作用下断层滑移信号和煤岩体破裂信号的波形、频谱及分形特征。其中,动载源信号波形幅值较大,持续时间较长,为低频信号,分布范围为 0~8 kHz,峰值频率约为 3.7 kHz,其破裂类型为张拉破裂;采动破岩信号分为 A、B 两类,其中 A 类频率较低,分布范围为 0~10 kHz,主频单一,分形维数为 0.90~0.96,B 类信号持续时间长,衰减慢,尾波发育,其频率范围为 0~50 kHz,分形维数为 0.97~1.00;动载作用下的煤岩体破裂信号(C 类)持续时间较短,衰减快,主频呈多峰特性,分布范围为 0~150 kHz,主频幅值变化呈正态分布模式,分形维数为 0.88~0.94;动载作用下的断层活化滑移信号(D 类)尾波发育呈震荡特性,波形中间位置出现"倒三角地堑"张开现象,且整体上呈现出多个周期扰动,频率分布范围为 0~200 kHz,主频呈多峰特性,其幅值变化呈幂指数衰减分布,分形维数为 0.83~0.86。

(4) 揭示了动载应力波作用下断层围岩的声发射响应特征。动载应力波作用下声发射幅值和计数随时间呈指数衰减,出现类似于地震"主震—余震"的现象;动载应力波作用不仅可以引起特殊形式的煤岩体破裂和断层滑移,如主频多峰特性,还可以诱发类似采动引起的煤岩体破裂。

5　断层型冲击矿压的多尺度前兆信息识别

研究表明[168]，岩石的非均匀性是冲击矿压存在前兆的根源，变形的局部化和岩石与其周围环境的相互作用分别是形成冲击矿压的内因和外因。当地下工程开挖时，地应力场必然受到扰动，从而诱发岩石的微破裂。因此，微破裂是开挖扰动情况下应力场演化的一种显现形式，从机理上讲，任何材料破裂，必定与高应力的存在有关。因此，对于冲击矿压的监测预警而言，可以通过监测微破裂来间接获得扰动应力场信息，找到高应力存在的位置，进而达到监测预警冲击矿压的目的。

对于煤岩体中的(微)破裂事件，其研究尺度可缩小至实验室试样尺度下的声发射现象，或扩大至现场或地壳尺度下的现场测试、矿震、山体滑坡及地震现象等[259]，即煤岩体微破裂是冲击矿压(岩爆)、煤与瓦斯突出、突水、坍塌、滑坡等煤岩动力灾害的一个共性特征。大量学者也已证实煤岩体在应力载荷下会产生声发射现象(实验室尺度)和微震现象(矿井尺度)[260-261]。换言之，实验室观测到的声发射可以认为是矿震或地震的一个小尺度现象[262]。在层析成像技术中，超声波和震动波分别对应于实验室和矿山开采两种不同的尺度。因此，研究任一尺度下的微破裂现象均能为煤岩宏观破裂、冲击矿压、地震等前兆特征的研究提供依据。其中，实验室尺度下的声发射和超声波实验具备操作容易、周期短、数据信息容易获取、可重复性强等特点，往往被作为首选的研究尺度。

鉴于此，本章首先通过自定义非均质应变损伤软化本构模型，并基于FLAC[3D]二次开发研究非均质煤岩材料单轴压缩实验过程中的声发射响应，揭示材料的非均匀性是任何煤岩体结构在主破坏之前或多或少会出现微破裂前兆的根源；其次，分别从小尺度实验室标准煤岩样和中尺度相似材料模型的声发射监测以及大尺度矿山开采的微震监测角度，验证这种微破裂前兆信息的存在，进而证明微震监测预警断层型冲击矿压、岩爆等矿山动力灾害的可行性。

5.1 冲击矿压前兆信息的力学数值试验

5.1.1 非均质应变损伤软化本构模型

（1）模型建立

岩石材料具有明显的非均质性，内部存在多种缺陷，各种缺陷的力学性质有很大的差异，且它们是随机分布的。假设微元强度服从 Weibull 分布[263-266]，其概率密度函数为：

$$P(\varepsilon*) = \frac{m}{F}\left(\frac{\varepsilon*}{F}\right)^{m-1}\exp\left[-\left(\frac{\varepsilon*}{F}\right)^{m}\right] \tag{5-1}$$

式中，$\varepsilon*$ 为微元强度，如弹性模量、抗拉强度、黏结力、应变等；m、F 分别为 Weibull 分布的形状参数和尺度参数。采用式(5-1)描述材料的非均质性时，m 又称之为非均质性参数，它反映了煤岩材料内部微元强度的分布集中程度，即脆性程度，该值越大表示材料越均质，脆性程度越高；F 是某一力学参数 $\varepsilon*$ 的均值。

定义统计损伤参量 D 为某一荷载下已破坏微元体数目 $N*$ 与总微元体数目 N 之比。于是，在任意强度区间 $[\varepsilon*, \varepsilon*+\mathrm{d}\varepsilon*]$ 内产生破坏的微元数目为 $NP(\varepsilon*)\mathrm{d}\varepsilon*$，当加载到某一水平 $\varepsilon*$ 时，已破坏的微元体数目为：

$$N*(\varepsilon*) = \int_0^{\varepsilon*} NP(\varepsilon*)\mathrm{d}\varepsilon* = N\left\{1-\exp\left[-\left(\frac{\varepsilon*}{F}\right)^{m}\right]\right\} \tag{5-2}$$

将式(5-2)代入 $D=N*/N$ 可得：

$$D = 1-\exp\left[-\left(\frac{\varepsilon*}{F}\right)^{m}\right] \tag{5-3}$$

这就是损伤演化方程。$D=0$，相当于无损坏的完整材料，这是一种参考状态；$D=1$，相当于材料完全破坏。

根据连续介质损伤力学理论，岩样已损伤部分无承载能力，而其余部分的应力 σ、应变 ε 仍然符合虎克定律[266-267]，这时有：

$$\sigma = E\varepsilon(1-D) \tag{5-4}$$

式中　σ——名义应力，实验测定；

　　　E——无损煤岩材料的弹性模量。

岩石在受压过程中，由于微元破坏后依靠传递压应力和剪应力的有效面积一样，且各个方向的损伤变量为 D，则可假设在受压过程中有[268]：

$$\sigma = E\varepsilon(1-C_n D) \tag{5-5}$$

式中　C_n——损伤比例系数，从 0 到 1 变化的系数，该参数反映了煤岩的残余强度。

对于峰后的弱化本构模型,在此假定单元发生破坏后,其承载能力随着塑性应变的增加而下降,直到应力状态维持在残余强度阶段。结合式(5-5)的构建理念,以塑性应变 ε_p 作为微元强度 $\varepsilon *$ 衡量煤岩体的统计损伤参量 D,因此,可建立应变损伤软化本构模型如下(仅考虑黏结力 c 和内摩擦角 φ 的软化):

$$\begin{cases} c = c_0 \cdot (1 - C_n D) = c_0 \cdot \left\{ 1 - C_n + C_n \cdot \exp\left[-\left(\dfrac{\varepsilon_p}{F} \right)^m \right] \right\} \\ \tan \varphi = \tan \varphi_0 \cdot (1 - C_n D) = \tan \varphi_0 \cdot \left\{ 1 - C_n + C_n \exp\left[-\left(\dfrac{\varepsilon_p}{F} \right)^m \right] \right\} \end{cases}$$

$$(5-6)$$

式中,c_0,φ_0 分别指微元破坏之前的初始黏结力和初始内摩擦角。至此,式(5-1)和式(5-6)便组成了非均质应变损伤软化本构模型。

(2) 模型参数讨论及其物理意义

实际上,关于材料非均质性的重要程度怎么强调都不过分。研究表明[269],在连续介质模型中引入某种程度上的非均质性,可以产生时空复杂的力学行为。式(5-4)中 E 代表无损材料的初始模量,它反映了材料的弹性性质。参数 F 反映了煤岩宏观统计平均强度的大小,参数 m 反映了煤岩材料内部微元强度的分布集中程度,即脆性程度,参数 C_n 反映了煤岩的残余强度[264]。需要补充的是:在微元假设中,虽然未引入微元塑性的概念,即认为微元具有破坏和不破坏的0、1两值逻辑状态,但结果却能体现出宏观的塑性表现,因此可以看出,所谓塑性,实质上是微观损伤积累的宏观表现[266]。

综上所述,非均质应变损伤软化本构模型能够反映煤岩材料的弹性、脆性和塑性,以及非均质性、峰后软化特性和残余强度特性,因此该模型能够较为完整地描述煤岩材料的本构特性。

根据式(5-6),定义应变损伤软化系数如下:

$$C_D = 1 - C_n D = 1 - C_n + C_n \cdot \exp\left[-\left(\frac{\varepsilon_p}{F} \right)^m \right] \qquad (5-7)$$

应变损伤软化系数描述了材料的损伤软化程度,系数中各参数描述的物理意义如下:

● 在参数 F 和 m 不变的情况下,如图 5-1(a)所示,应变损伤软化系数随着 C_n 的增大而减小,即 C_n 越大,材料最终软化程度越高。因此,参数 C_n 描述了煤岩的残余强度特性。

● 在参数 F 和 C_n 不变的情况下,如图 5-1(b)所示,m 值越大,应变损伤软化系数曲线越陡,说明材料软化速率越大,脆性程度越高。从冲击倾向性角度解释,峰后软化速率越快表示煤岩动态破坏所需的时间越短,即冲击倾向性越强。

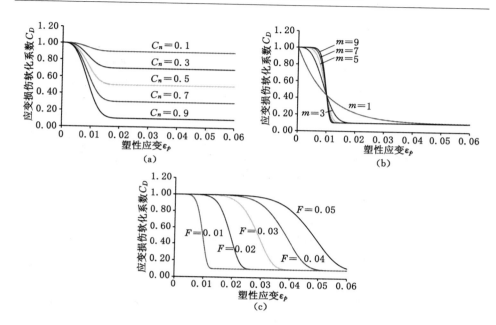

图 5-1 应变损伤软化系数 C_D 随各参数 C_n、m、F 的变化
(a) $F=0.01$, $m=3$; (b) $F=0.01$, $C_n=0.9$; (c) $m=7$, $C_n=0.9$

因此,参数 m 描述了材料的脆性和冲击倾向性。

● 在参数 m 和 C_n 不变的情况下,如图 5-1(c)所示,应变损伤软化系数曲线下降段随着 F 值的增大往右偏移,即 F 值越大,材料开始进入软化阶段所需的塑性应变值越大。因此,参数 F 在应变损伤软化模型中描述了材料开始软化的灵敏程度,即 F 值越小,材料软化灵敏度越高,塑性段经历时间越短。

(3) 模型的物理实验验证

以轴向应变 ε 作为微元强度 $\varepsilon*$ 衡量煤岩体的统计损伤参量 D,将式(5-3)代入式(5-5),得到单轴压缩下煤岩材料的损伤统计本构模型:

$$\sigma = E\varepsilon(1-C_n) + E\varepsilon C_n \exp\left[-\left(\frac{\varepsilon}{F}\right)^m\right] \tag{5-8}$$

模型参数的确定采用如下计算方法:将参数 E、F、m、C_n 均看成变量,采用最优化方法,建立目标函数如下:

$$\min \sum_{i=1}^{n}\left\{\sigma_i - \left\{E\varepsilon_i(1-C_n) + E\varepsilon_i C_n \exp\left[-\left(\frac{\varepsilon_i}{F}\right)^m\right]\right\}\right\}^2 \tag{5-9}$$

式中 n——实验数据样本数;

σ_i,ε_i——第 i 个实验数据的应力、应变值。

从李堂、徐庄、龙固、张双楼 4 个矿区采集煤样,通过岩石取芯机和切割机将

煤样加工成尺寸为 $\phi 50\ \text{mm} \times 100\ \text{mm}$ 的标准试样。采用 MTS815 伺服材料实验机，对其标准煤样进行单轴压缩实验。如图 5-2 所示为本书模型计算结果、文献计算结果[263-264]与实验结果对比图。由图可知，本书计算模型较文献计算模型更合理，能更好地拟合包括残余强度在内的煤岩单轴全应力应变曲线。

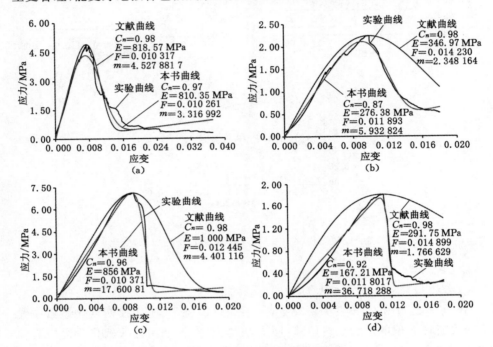

图 5-2 实验曲线与理论曲线的比较
(a) 煤样 1;(b) 煤样 2;(c) 煤样 3;(d) 煤样 4

5.1.2 基于 FLAC$^{\text{3D}}$ 二次开发的数值试验

FLAC$^{\text{3D}}$ 是一款由美国 Itasca 公司开发的显式有限差分程序。与传统有限元方法只能获得最终解答相比，FLAC$^{\text{3D}}$ 在反复循环或迭代的计算当中，计算时步每增加 1，如同真实时间的增加过程，非常适用于模拟材料的变形、破坏和失稳过程。在二次开发功能方面，Fish 语言作为 FLAC$^{\text{3D}}$ 的内嵌编程语言，允许用户自定义新的变量、函数、算法，甚至修改本构模型，这为该软件的高级应用和二次开发实现提供了可能。

（1）本构关系及破坏准则

本部分将用到 FLAC$^{\text{3D}}$ 中的本构关系包括各向同性线弹性模型和带拉伸截

断 Mohr-Coulomb 应变软化模型。其中,各向同性线弹性模型描述如下:

$$\Delta\sigma_{ij} = 2G\Delta\varepsilon_{ij} + \left(K - \frac{2}{3}G\right)\Delta\varepsilon_{kk}\delta_{ij} \tag{5-10}$$

式中　$\Delta\sigma_{ij}$,$\Delta\varepsilon_{ij}$——单元的应力张量和应变张量;

　　　G——剪切模量;

　　　K——体积模量;

　　　δ_{ij}——Kronecker 符号,在单元发生屈服和破坏之前,各单元均服从式(5-10)。

　　在 FLAC³D中,规定压应力为负,拉应力为正,所采用的 Mohr-Coulomb 破坏准则为带拉伸截断的 Mohr-Coulomb 破坏准则。遵循 FLAC³D中的约定,各主应力满足如下关系:

$$\sigma_1 \leqslant \sigma_2 \leqslant \sigma_3 \tag{5-11}$$

　　如图 5-3 所示为 FLAC³D中带拉伸截断 Mohr-Coulomb 破坏准则在 σ_1—σ_3 坐标系中的表述形式。图中破坏包络线 AB 由破坏准则 $f^s=0$ 定义,其中 f^s 的表达式为:

$$f^s = \sigma_1 - \sigma_3 N_\varphi + 2c\sqrt{N_\varphi} \tag{5-12}$$

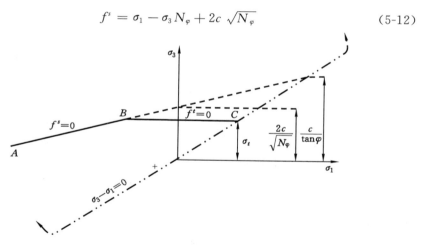

图 5-3　FLAC³D中带拉伸截断的 Mohr-Coulomb 破坏准则

　　包络线 BC 由拉破坏准则 $f^t=0$ 定义,其中 f^t 的表达式为:

$$f^t = \sigma_t - \sigma_3 \tag{5-13}$$

式中,$N_\varphi = (1+\sin\varphi)/(1-\sin\varphi)$,$\varphi$ 为摩擦角;c 为黏结力;σ_t 为抗拉强度。当 $f^s>0$ 和 $f^t>0$ 时,单元处于弹性状态;当 $f^s<0$ 时,单元的应力状态超过剪切屈服面,发生剪切破坏;当 $f^t<0$ 时,单元的应力状态超过拉伸屈服面,发生拉破坏。

另外,带拉伸截断的 Mohr-Coulomb 材料的抗拉强度一般不可能大于图 5-3 中两直线 $f^s=0$ 和 $\sigma_1=\sigma_3$ 交点对应的 σ_3 数值,此时,σ_3 数值的最大值即为抗拉强度的最大值:

$$\sigma_{tmax} = \frac{c}{\tan \varphi} \tag{5-14}$$

根据式(5-12),令 $f^s=0$ 和 $\sigma_3=0$,获得单轴抗压强度 σ_c 和内聚力 c 之间的关系式:

$$\sigma_c = |\sigma_1| = 2c \sqrt{N_\varphi} = \frac{2c \cdot \cos \varphi}{1 - \sin \varphi} \tag{5-15}$$

（2）模型计算参数选取

根据黑龙江龙煤城山煤矿顶板岩样的物理力学参数测定(见表 5-1),选取该矿的顶板岩样力学参数作为本部分的数值试验参数:密度为 2 557 kg/m³,弹性模量为 11.214 GPa,单轴抗压强度为 97.553 MPa。

表 5-1　　　　　　　　　城山煤矿顶板岩样物理力学参数

试样	密度/(g/cm³)	破坏载荷/kN	抗压强度/MPa	弹性模量/GPa	抗拉强度/MPa
实验测试-1	2.549	189.193	95.665	11.191	
实验测试-2	2.559	180.369	92.193	11.423	5.300
实验测试-3	2.563	209.081	104.800	11.029	
平均值	2.557	192.881	97.553	11.214	

依据文献[269],选取内摩擦角为 50°,泊松比为 0.25,剪胀角为 0°。根据式(5-15)可计算出黏结力为 17.753 MPa。由于表 5-1 中的抗拉强度由角压巴西圆盘劈裂实验测得,根据张少华 等[270]的研究结果,角压劈裂实验测得的抗拉强度要小于直接拉伸实验测得的数值,实验结果显示,直接拉伸实验测得的抗拉强度数值为角压劈裂实验测得数值的 1.11~1.66 倍,平均 1.387 倍。因此,该矿煤层顶板抗拉强度数值修正为 7.351 MPa。

经过反复调试和验证,最终选取非均质性参数 $m=27$,应变损伤软化本构模型中的塑性应变均值 $F=0.002$,损伤比例系数 $C_n=0.6$。

（3）FLAC³ᴰ二次开发

本部分数值试验所涉及的二次开发内容包括:① 独立单元力学属性的非均质性描述;② 峰后应变软化模型的引入;③ 破坏单元释放的弹性应变能计算,模拟声发射。

非均质性实现:

采用 FLAC³ᴰ建立直径 50 mm、高 100 mm 的圆柱体标准试件三维数值模型,共划分网格单元 16 000 个,节点 16 441 个。根据式(5-1)编制预置材料非均质性的 Fish 函数,在此认为弹性模量 E、黏结力 c、抗拉强度 σ_t 和内摩擦角 φ 互不相关,均分别服从 Weibull 分布。选取上述实验室测定的力学参数作为数值计算模型中的各参数均值,即弹性模量为 11.214 GPa、黏结力为 17.753 MPa、抗拉强度为 7.351 MPa 和内摩擦角为 50°,并赋予非均质性参数 $m=27$。最终获得模型材料非均质性的数值实现效果,如图 5-4 所示。

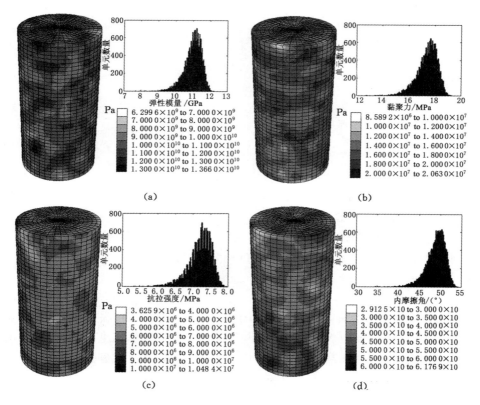

图 5-4 模型材料非均质性的数值实现

(a) 弹性模量;(b) 黏结力;(c) 抗拉强度;(d) 内摩擦角

峰后应变软化模型引入:

利用 Fish 语言实时监测每一步运算过程中各单元塑性应变的变化,某单元塑性应变一旦发生变化就根据式(5-6)计算该单元当前的力学参数值(黏结力 c 和内摩擦角 φ)。选取应变损伤软化本构模型中的塑性应变均值 $F=0.002$,非均质性参数 $m=27$,损伤比例系数 $C_n=0.6$。最终,峰后应变损伤软化本构模型描述如图 5-5 所示。

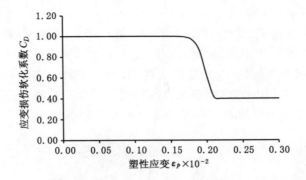

图 5-5 峰后应变损伤软化本构模型

声发射模拟：

一个单元储存的弹性应变能为：

$$W_E = \frac{1}{2E}(\sigma_1^2 + \sigma_2^2 + \sigma_3^2 - 2\upsilon\sigma_1\sigma_2 - 2\upsilon\sigma_1\sigma_3 - 2\upsilon\sigma_2\sigma_3)V \qquad (5\text{-}16)$$

式中，E 为弹性模量；υ 为泊松比；V 表示单元的体积。参照已有研究的做法[269]，在模型运算过程中，采用 Fish 语言每隔一定的时步执行一次式(5-16)，当某单元体的应力状态达到剪切破坏[见式(5-12)]或拉破坏[见式(5-13)]屈服条件，同时储存的弹性应变能出现下降时，便将其记录为一次声发射事件，其中，下降的弹性应变能数值为声发射事件的能量，单元体的中心坐标为此次声发射事件发生的位置。

（4）数值试验

根据实验室单轴加载实验参数：加载速率为 0.3 mm/min，采样频率为 10 Hz。假如将实验中的采集次数视为数值模拟中的运算步数，则加载速率为 5×10^{-7} m/步。因此，数值计算时，在圆柱体模型上、下两边界施加相反的速度 2.5×10^{-7} m/步。最终，数值试验获得单轴压缩条件下的全应力应变曲线，如图 5-6 所示，与实验室测得的全应力应变曲线对比发现，数值模拟曲线偏离实验曲线，主要是因为数值计算无法对曲线初始下凹阶段进行有效模拟。大量实验证实，该阶段为裂隙压密或伺服机压头调整阶段。由于数值模拟未考虑模型材料中裂隙的存在及其力学特性，同时模拟加载初始阶段也不存在加载端与模型边界进行调整的需要，所以去除初始下凹阶段的影响，即平移数值模拟曲线，便可获得如图中"数值模拟-校正"所示的曲线，模拟结果能很好地拟合包括弹性模量、峰值、峰后软化等曲线形态在内的各阶段特征。因此，非均质应变损伤软化本构模型合理可行。

采用 Fish 语言每隔 1 个时步执行一次式(5-16)，并计算获取弹性应变能下降最大的数值及其对应的单元体中心坐标，其中弹性应变能下降最大的数值作

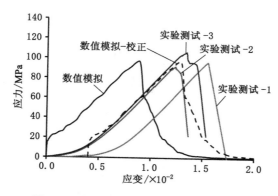

图 5-6　单轴全应力应变曲线的数值试验

为这一步运算中的最大声发射能量参数,坐标即为该次声发射事件发生的位置。以城山煤矿顶板岩样声发射数值试验为例,绘制出不同时步阶段的声发射事件分布情况,如图 5-7 所示。从图中可以看出,最大声发射事件主要分布在加载两端,并随着载荷的进一步加大,事件逐步向中间扩展,且大能量事件也逐步开始出现,尤其是在试样破坏之前,声发射的能量和频次急剧增加,这与实验室单轴加载实验中的声发射监测结果基本一致(见第 5.2.1 节)。

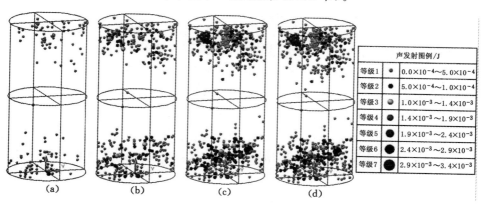

声发射图例/J	
等级1	$0.0×10^{-4}～5.0×10^{-4}$
等级2	$5.0×10^{-4}～1.0×10^{-4}$
等级3	$1.0×10^{-3}～1.4×10^{-3}$
等级4	$1.4×10^{-3}～1.9×10^{-3}$
等级5	$1.9×10^{-3}～2.4×10^{-3}$
等级6	$2.4×10^{-3}～2.9×10^{-3}$
等级7	$2.9×10^{-3}～3.4×10^{-3}$

(a)　　　　　(b)　　　　　(c)　　　　　(d)

图 5-7　声发射空间分布的数值试验
(a) 时步 500;(b) 时步 1 000;(c) 时步 1 500;(d) 时步 2 000

以上述力学模拟参数和实验参数为基础,通过改变非均质参数 m 和适当增大模型网格尺寸获得不同均质度标准煤岩样试件单轴压缩实验过程中的应力及声发射特征曲线,如图 5-8 所示,图中非均质性参数 m 越大,材料均质程度越高。

图中模拟结果显示,均质程度越低,宏观主破裂之前的微破裂事件分布越多,即前兆信息越多,同时前兆出现的时间越长。很明显,煤岩材料的非均质

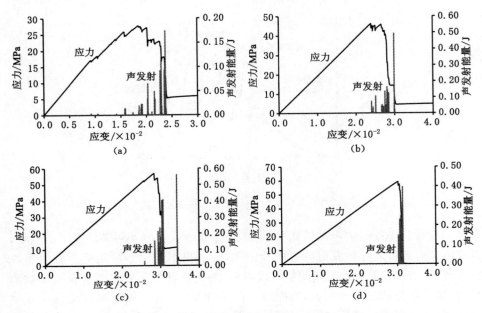

图 5-8　煤岩材料非均质性影响宏观破裂前兆的 FLAC[3D] 数值试验

(a) 非均质性参数 $m=3$；(b) 非均质性参数 $m=5$；

(c) 非均质性参数 $m=7$；(d) 非均质性参数 $m=9$

性对其破坏的前兆模式具有本质上的影响，如高均质材料[图 5-8(d)]，在宏观破裂产生之前几乎没有微破裂前兆，其微破裂声发射事件与宏观破裂几乎同步出现，这说明高均质材料的破坏不存在微破裂前兆信息，即无法通过监测微破裂事件的手段来预测其破坏。相反，对于非均质性较高的煤岩材料[图 5-8(a)]，宏观破裂产生之前，出现大量微破裂事件并且其能量释放急剧增加，说明非均质材料的破坏存在明显的前兆信息。另外，根据加载过程中应力、声发射能量随轴向应变变化曲线的一致性(图 5-8)以及各数值单元最终的破坏类型(图 5-9)可以得出，随着非均质性参数 m 的增大，煤岩的变形破坏模式由塑性流动逐渐变为脆性破坏，其破坏形式越来越剧烈，即冲击倾向性越强；同时煤岩材料数值单元的破坏类型由杂乱无章的拉剪混合破坏向简单规整的纯剪切破坏类型转变。

上述数值试验结果与前人总结的 3 种声发射模式(群震型、前震—主震—余震型和主震型)[271]、唐春安 等[168,272] 给出的 RFPA 数值模拟结果、孙超群 等[273] 给出的 SPH 模拟结果，以及 Mogi[274-275] 的实验结果完全一致。庆幸的是，煤岩地层作为宏观破裂(声发射)、冲击矿压或岩爆(矿震)、地震等产生的载体正是一

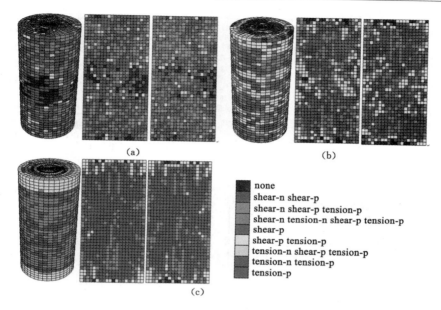

图 5-9　不同非均质度下的煤岩破坏形式

（图中左切片图为 y 轴方向切片图，右切片图为 x 轴方向切片图）

（a）$m=3$；（b）$m=9$；（c）均质

种非均质材料。因此，煤岩材料的非均质性是宏观主破裂、冲击矿压（岩爆）和地震存在前兆的根源，这一特性为采用声发射、微震和地震台分别监测预警宏观破裂、冲击矿压（岩爆）和地震提供了力学依据。

5.2　小尺度岩样破裂及断面滑移前兆信息识别

5.2.1　完整试样单轴压缩实验

结合煤岩样单轴压缩条件下呈现出的扩容、声发射等特征，可将煤岩单轴加载过程中的全应力应变曲线分为以下几个阶段（图 5-10 所示）：

● OA 阶段。该阶段应力应变曲线呈上凹形态，主要是由于煤岩体中原生裂隙受压后闭合和初始阶段压力机上下端头调整引起，基本上没有声发射事件产生。这个阶段在高围压条件下，或对于坚硬岩石时可以忽略。

● AB 阶段。近乎完全的线弹性。应力与应变成正比例关系，没有时间效应，该阶段声发射事件较少，且主要分布在试样两端。

● BC 阶段。非线性稳定变形阶段，为体积开始膨胀阶段，变形以体积压缩

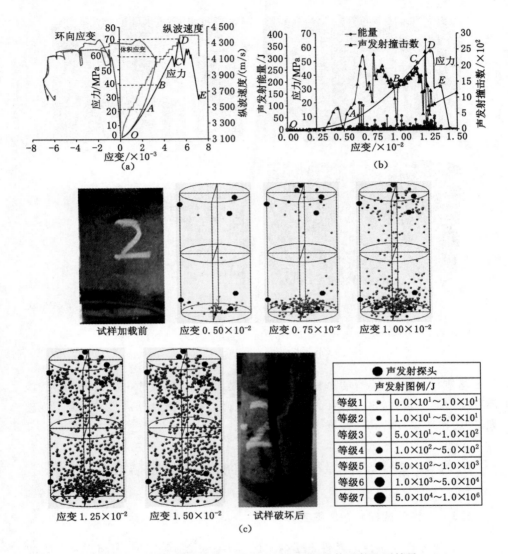

图 5-10　单轴压缩实验下典型砂岩标准圆柱体试件监测结果

(a) 应力、应变及超声波实验监测结果；

(b) 应力、应变及声发射实验监测结果——时序分布；

(c) 声发射实验监测结果——空间分布

为主。该阶段裂隙开始萌生和发展，并逐渐成核，表现出明显的裂纹扩展方向及空间演化形态。由于释放的能量与煤岩体体积的扩涨紧密相关，该阶段煤岩试件不断产生微破裂及粒内或粒间滑移，产生明显的非弹性变形，试件体积增加，声发射活动开始逐渐频繁,其分布开始由试样两端向中间扩展,声发射能量及频次也不断增大,出现低能量的震动事件。

● *CD* 阶段。非线性加速变形阶段,亦称扩容突变阶段,即体积开始加速膨胀。该阶段裂隙加速扩展,甚至贯通,对应的变形出现加速,开始发生剪切破裂,直至宏观主破裂产生;对于起始点 *C*,此处体积应变由以压缩变形为主转变为以膨胀变形为主,因此又视 *C* 点为扩容的起始点。这一阶段产生的声发射事件急剧增多,尤其是在应力峰值点 *D* 附近,试件发展成宏观破裂面,声发射能量呈剧烈振荡,并释放出高能量震动事件。

● *DE* 阶段。宏观破坏阶段,即微裂纹的不稳定扩展引起宏观破裂的阶段。该阶段的发展主要因为材料是非均匀的,而且不再看作连续体,它被破坏成碎块,这些碎块的破裂和相对运动导致出现大的永久性应变。由于煤岩样破坏后使得置于试样表面的声发射探头脱落,从而导致这一阶段的声发射现象往往在实验室中无法获取。

如图 5-10(a)所示 5 个不同阶段内的纵波速度特征显示,*OB* 阶段,纵波速度呈指数增长,进入裂隙萌生和增长的 *BD* 阶段,纵波速度逐渐转变为直线增长,峰值 *D* 点过后,纵波速度变为直线下降。综上所述,纵波速度与应力整体上呈正相关关系,该结论推广到矿山开采现场,即高波速度区对应煤岩体破裂前的应力集中区域,相反,低波速区对应采空区、顶板破裂区、构造异常区(如断层、破碎带、节理、隐藏缺陷等)等。

5.2.2 断面试样单轴压缩实验

如图 5-11 所示为断面试样在单轴加载条件下的声发射时空分布规律,与完整试样声发射实验特征不同的是,黏滑震荡阶段[图 5-11(a)中应变为 $2.5 \times 10^{-2} \sim 4.5 \times 10^{-2}$ 的阶段]的声发射撞击数和能量在时序上趋于平稳状态;整个过程中的声发射事件在空间上主要沿断面集中分布,与完整试样条件下的事件由两端向中间扩展分布的特征明显不同,换而言之,断面试样的失稳滑移过程呈成丛成条带分布的特征,而完整试样的失稳破坏过程呈无序离散分布到有序分布的特征。因此,矿山开采过程中微震事件的成丛成条带分布可作为断裂面失稳滑移的一个前兆,如断层失稳滑移、顶板破断滑落等。其他特征,如应力峰值前出现大量声发射事件,其能量和撞击数(或计数)逐渐增加,直至试样失稳破坏前后的剧烈振荡等,与完整试样条件下的特征基本一致。

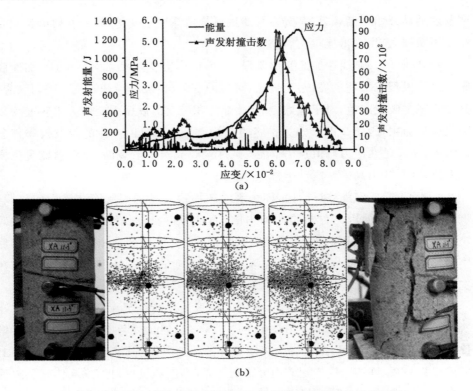

图 5-11　单轴压缩实验下典型砂岩标准圆柱体断面试件监测结果
（a）声发射实验监测结果——时序分布（TS23.6②号断面试样）；
（b）声发射实验监测结果——空间分布（XA11.3③号断面试样）

5.3　中尺度相似模型断层失稳前兆信息识别

对比工作面正常回采和回采至断层附近时的相似模型破裂形态，如图 5-12 所示。从图中可以看出：① 工作面正常回采时，顶板岩层自下向上分层破断，各岩层破断面不在同一直线上，且不同步破断，工作面前方顶板岩层不破断，后方有悬顶，前方煤体为一整体，受超前支承压力影响；② 工作面开采临近断层时，受后方覆岩垮落下沉影响，覆岩离层裂隙横向扩张，并延伸至断层，此时顶板出现两层或多层岩层在断层面处同时破断，断层面处应力下降甚至为零，破断岩层重量施加在断层煤柱上，并随着煤柱尺寸的减小，悬顶长度增加，煤柱应力升高。

为了监测开采扰动下断层活化的前兆信息，张宁博 等[108,213]分别采用

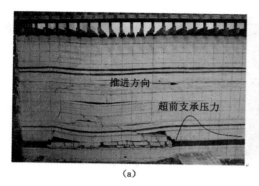 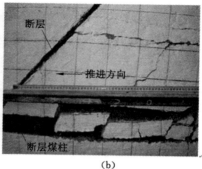

(a)   (b)

图 5-12 相似材料模拟覆岩运动规律

(a) 工作面正常回采；(b) 工作面回采至断层附近

TDS-6微震采集仪和SWAES声发射仪分析了采动影响下断层活化过程中的声发射参数（能量、频次）变化规律，以及波形频谱及分形前兆特征。研究结果指出：断层型冲击矿压分为断层开始活化、断层剧烈活化和断层冲击显现三个阶段；断层活化前会出现一个蓄能阶段，该阶段没有声发射信号产生，断层活化时产生大量声发射信号并在滑移失稳附近达到最大，该前兆信息与小尺度断面试样的声发射实验现象完全一致；断层滑移信号在频谱特性曲线、小波包能量分布以及分形特征等方面与顶板破断信号存在明显差异，如断层滑移信号的幅频曲线多峰现象明显、主频带宽大。此外，关于动载应力波作用下断层活化的显现、力学及声发射响应特征可参见第4章中的相关部分。

5.4 大尺度矿山开采围岩破裂前兆信息识别

5.4.1 采掘空间围岩应力分布状态

如图 5-13 所示为矿山开采尺度下采场（巷道）围岩状态分布的理论分析示意图，图 5-14 为实际矿井工作面回采过程中的超前支承压力分布曲线。对于图 5-14 中一开始就远离工作面的煤体——Z 单元，随着工作面往前推进，Z 单元的应力状态由最初的原始应力状态逐渐进入到弹性状态、塑性状态、裂隙密集分布状态，甚至最终的破碎状态。由此可获得采掘空间围岩各单元与其全应力应变曲线上各点的对应关系，如图 5-15 所示。

5.4.2 塑性区边界演化数值模拟

由小尺度实验室标准煤岩样声发射实验可知，当煤岩样全应力应变曲线经

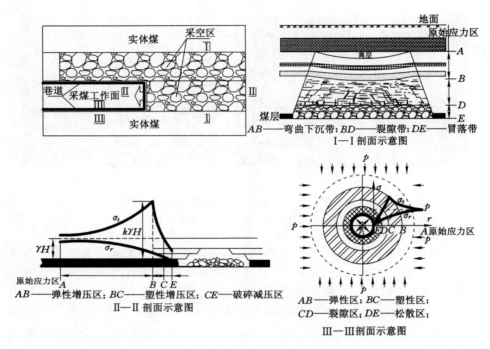

图 5-13　矿山开采尺度下的采场及巷道围岩状态分布示意图

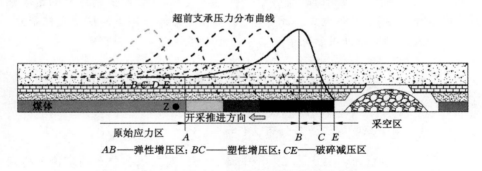

图 5-14　采场围岩支承压力分布曲线示意图

过 B 点（弹性阶段向塑性阶段过渡）时，煤岩试件不断产生微破裂，出现明显的非弹性变形，试件体积增加，此时声发射活动逐渐频繁，其空间分布开始由试样两端向中间扩展，能量及频次也不断增大，出现低能量的震动事件。对应于矿山开采尺度时，B 点即为围岩的塑性区边界或应力拱壳，亦称之为矿震包络线。

从地下开采岩层控制的本质上看，应力拱壳是煤层开采过程中覆岩抵抗不均匀变形而进行自我调节的一种现象，是围岩内应力发生集中，传递路线发生偏

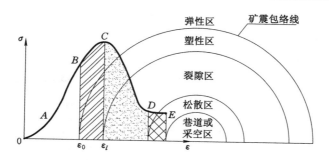

图 5-15 采掘空间围岩单元与其全应力应变曲线上各点的对应关系示意图

移而形成的一种似"坝"型空间应力分布区,承担自身及其上覆岩体的荷重。根据岩体应力迁移特征,提出应力拱壳演化(塑性区边界)判别系数,其公式为:

$$k_p = \frac{\left| \sigma_A \right| - \left| \sigma_B \right|}{\left| \sigma_B \right|} \tag{5-17}$$

式中,k_p 为判别系数,σ_B、σ_A 分别为工作面开挖前、开挖后的应力。选取开挖后应力低于开挖前应力的 10% 作为塑性区边界,即取 $k_p = -0.1$ 作为边界判定。

采用 FLAC³ᴰ 数值软件对义马跃进煤矿适当简化后的 25 大采区模型进行模拟,详细地质概况见第 7 章介绍。如图 5-16 所示的数值计算模型,其尺寸为长 1 365 m×宽 1 050 m×高 350 m,共 267 936 个单元。对于重点研究区域(煤层巷道开挖区域)的单元采取细化处理,模型各岩层力学参数及厚度根据实际岩层柱状赋予。Anderson 断裂机制表明[214],逆断层的最小主应力方向为垂直方向,最大主应力和中间主应力方向为水平方向,受力形式如图 5-16 所示。作为一般性研究,赋予模型边界条件为:底部固定,最大水平主应力 $\sigma_1 = 29$ MPa,中间水平主应力 $\sigma_2 = 24$ MPa,最小主应力 $\sigma_3 = 20.5$ MPa。

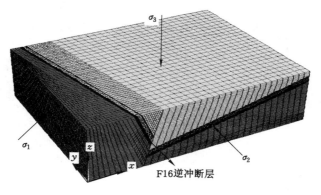

图 5-16 FLAC³ᴰ数值计算模型

根据塑性区边界判别系数 k_p，可确定出 25110 工作面开采过程中沿煤层走向和倾向的塑性区边界，并采用光滑曲线连接便可形成塑性区边界的演化形态，如图 5-17 所示。

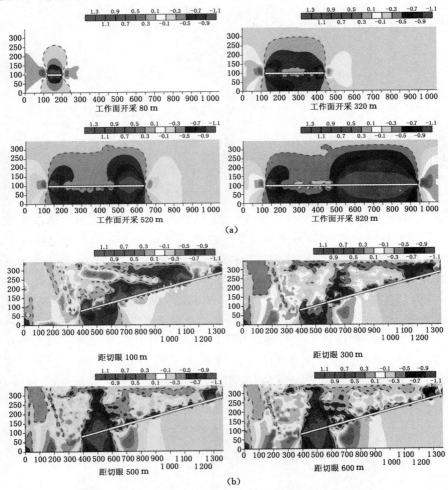

图 5-17　塑性区边界演化数值模拟

(a) 走向方向的塑性区边界演化；(b) 倾向方向的塑性区边界演化

沿煤层走向的塑性区边界演化特征为[如图 5-17(a)所示]：

(1) 随着工作面推进距离的增大，塑性区边界逐步向开切眼后方、上位岩层扩展，并向工作面前方移进。

(2) 塑性区边界的拱脚落在工作面前后方煤壁中，且随着工作面的推进，拱脚到临空区的距离不断增加。

（3）塑性区边界形态随着工作面推进距离的变化而变化,当工作面推进距离较小时,塑性区边界的横半轴长度小于纵半轴长度,当工作面推进到一定距离后,塑性区边界拱的纵半轴高度趋于稳定,塑性区边界拱顶扁平率逐渐增大。沿煤层倾向的塑性区边界演化特征为[如图5-17(b)所示]:① 沿煤层倾向,受煤层倾角影响,塑性区边界呈非对称分布;② 工作面中部塑性区拱顶高度达到最大。

5.4.3　矿震空间分布包络线

如图 5-18(a)、(b)所示为甘肃华亭煤矿 250103 工作面回采期间大能量矿震事件的空间分布图,图中显示出呈拱形展布的矿震包络线;图 5-18(c)所示为山东星村煤矿 E3207 工作面轨道巷中两直线段巷道掘进期间的矿震空间分布图,图中沿巷道的矿震剖面图显示出呈类似圆形的矿震包络线。上述微震监测结果与理论分析(图 5-13)、数值模拟(图 5-17)呈现出的结果基本一致。因此,微震能有效揭示采掘空间围岩的破裂及应力分布形态,进一步结合第 5.1 节所述冲击矿压存在前兆的力学基础,可证明微震监测预警冲击矿压、岩爆等矿山动力灾害的可行性。

5.5　本章小结

基于自主建立的非均质应变损伤软化本构模型,研究了非均质煤岩材料单轴压缩实验过程中的声发射响应特征,揭示出材料的非均匀性是煤岩体破坏之前产生前兆的根源,并分别从小尺度实验室标准煤岩样和中尺度相似材料模型的声发射实验以及大尺度矿山开采的微震监测角度,验证了这种微破裂前兆信息的存在,进而证明了微震监测预警断层型冲击矿压、岩爆等矿山动力灾害的可行性,小结如下:

（1）建立了非均质应变损伤软化本构模型,开展了非均质煤岩材料的声发射数值试验,揭示出非均匀性是煤岩体破坏前兆的根源。非均质应变损伤软化本构模型能够反映煤岩材料的弹性、塑性、脆性和残余强度,对物理实验中的煤岩应力应变全过程曲线拟合较好;非均质煤岩材料单轴压缩实验过程中的声发射数值试验表明,随着煤岩材料均质程度的增大,煤岩的变形破坏模式由塑性流动逐渐变为脆性破坏,破坏类型由杂乱无章的拉剪混合破坏向简单规整的纯剪切破坏类型转变,其声发射模式由群震型逐渐变为前震—主震—余震型和主震型。因此,煤岩材料的非均质性是宏观主破裂、冲击矿压(岩爆)和地震存在前兆的根源,这一特性为采用声发射、微震和地震台分别监测预报宏观破裂、冲击矿压(岩爆)和地震提供了力学依据。

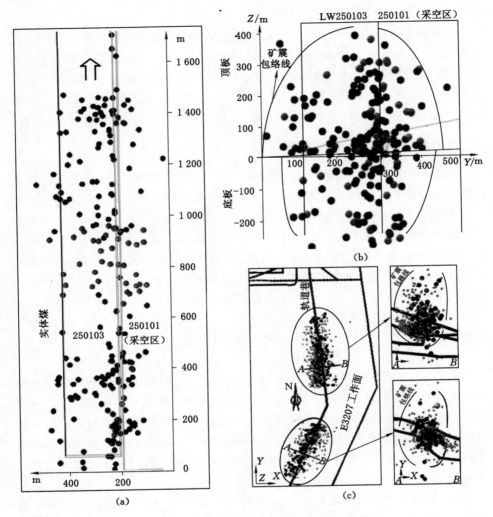

图 5-18　采场及巷道围岩矿震分布包络线

(a) 采场矿震分布平面图；(b) 采场矿震分布剖面图；

(c) 巷道围岩矿震分布包络线

（2）小尺度标准岩样的声发射实验表明：单轴加载实验中的完整试样在主破裂发生之前，声发射能量及频次在时序上急剧增加，事件分布在空间上由试样两端向中间扩展，呈无序离散分布到有序分布特征，同时整个实验过程中岩石试样的纵波速度与应力呈正相关；与完整试样声发射特征明显不同的是，单轴加载实验中断面试样的声发射事件在空间上主要沿断面集中分布，并呈成丛成条带分布特征,可作为断层型冲击矿压发生的一个前兆信息。

（3）中尺度断层相似模型实验表明:工作面开采临近断层时,覆岩离层裂隙横向扩张,并延伸至断层,顶板出现多层岩层在断层面处同时破断,此时断层煤柱应力急剧升高;静载作用下的断层活化前兆是声发射能量及频次在断层滑移失稳附近达到最大;同时动载作用下的断层活化信号其尾波发育呈震荡特性,波形中间位置出现"倒三角地堑"张开现象,且整体上呈现出多个周期扰动,频率分布范围为 $0 \sim 200$ kHz,主频呈多峰特性,其幅值变化呈幂指数衰减分布模式,分形维数为 $0.83 \sim 0.86$。

（4）大尺度矿山开采的微震监测表明:矿震分布包络线沿采场断面呈拱形分布,沿巷道断面呈类似圆形分布,与采掘空间围岩的破裂及应力分布形态一致,说明微震能有效监测采掘活动扰动引起的围岩破裂事件,进一步结合冲击矿压存在前兆的力学基础,可揭示出微震监测预警断层型冲击矿压、岩爆等矿山动力灾害的可行性。

6　断层型冲击矿压的微震多参量时空监测预警

第 5 章在冲击矿压前兆存在的力学基础(包括岩石的非均质性、变形的局部化以及岩石与其周围环境的相互作用)上分别从小尺度实验室标准煤岩样和中尺度相似材料模型的声发射实验以及大尺度矿山开采的微震监测角度,验证了主破裂发生之前微破裂前兆信息的存在,并证明了微震监测断层型冲击矿压、岩爆等矿山动力灾害的可行性。对比现行的冲击矿压监测方法(如电磁辐射、声发射、钻屑、应力、电荷感应等)发现,微震监测方法能够对全矿范围进行实时监测,是一种区域性、及时的监测方法,能够给出震动后的各种信息,具有不损伤煤岩体、劳动强度小、时间和空间连续等优点。该方法目前被公认为煤岩动力灾害监测最有效和最有发展潜力的监测方法之一。此外,现场中的一些断层,如采区甚至矿井边界的区域大断层,往往远离采掘空间,此时传统的监测方法已无法再满足监测断层活动性的需要。因此,微震监测断层型冲击矿压有着不可替代的优势,同时,如何基于微震监测技术将第 5 章介绍的断层型冲击矿压监测的力学基础及其前兆信息转换为现场具体的实用技术体系,成了本章研究的重点。

由于断层型冲击矿压发生的复杂多样性,不同条件下可能存在不同的前兆模式,单一监测指标只能从某一个角度侧重反映冲击危险,同时各指标又都包含断层型冲击矿压发生的某些信息,甚至很多指标还存在物理内含的重复。总之,断层型冲击矿压的监测预警分析是一个多维空间的信息描述问题,单一指标要表达这一信息多维空间有相当难度,更不用说考虑孕震体系物理化学过程中的非线性变化。这也是为什么单项指标预测效能达到一定程度后很难再提高的一个原因。因此,有必要从多参量指标信息的角度更加深入研究与探讨断层型冲击矿压的前兆识别和监测预警。

鉴于此,本章以冲击矿压前兆存在的力学基础为指导,综合多尺度条件下的声发射及微震多参量前兆信息,构建微震多参量时空监测预警指标体系,并对各指标参数的原理、物理意义、实际应用等进行详细介绍,试图达到指导现场断层型冲击矿压监测的目的。

6.1　冲击矿压的微震多参量时空监测预警体系

微震多参量时空监测预警指标体系的构建应以冲击矿压前兆存在的力学基础为指导,综合考虑多尺度条件下的声发射及微震多参量前兆信息,具体遵循一个中心,监测四种变化,采用五类指标,简称"一中心,四变化,五指标"。思路如下(图6-1所示):以冲击矿压存在前兆的根源——煤岩材料的非均质性为中心,监测内因——煤岩变形的局部化,如综合考虑微震时、空、强三要素的微震活动性多维信息指标;监测外因——周围环境介质信息变化,如描述煤岩体内地球物理场变化的震动波速度层析成像指标;监测损伤与能量释放的周期变化,如描述变形能积聚、损伤消耗与释放过程的冲击变形能指标,以及捕捉微破裂事件的时空强演化从无序到有序的非线性混沌、分形特征的维数、b值指标等;监测震源机制变化,如波形信息指标——矩张量、频谱等。

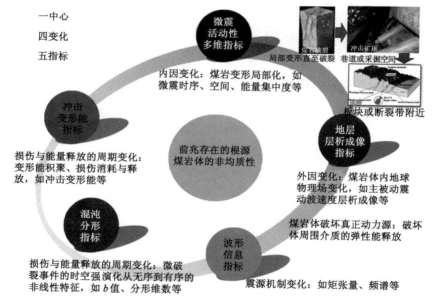

图 6-1　冲击矿压的微震多参量时空监测预警指标体系构建思路

以上所述的"一中心,四变化,五指标"为指导思想,结合当前成熟的微震监测手段,综合考虑第5章介绍的多尺度条件下声发射及微震多参量前兆信息,可建立如图6-2所示的微震多参量时空监测预警指标体系。

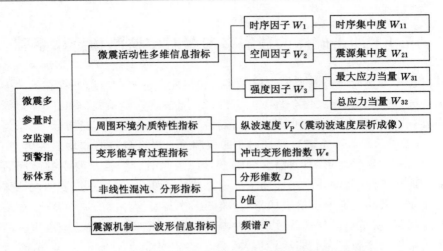

图 6-2 冲击矿压的微震多参量时空监测预警指标体系

6.2 断层型冲击矿压的微震活动性多维信息时空监测

6.2.1 微震活动性多维信息时空监测预警技术

6.2.1.1 微震活动性多维信息指标定义

(1) 时序因子 W_1

微震频次越大,即微震时序越密集,则微震活动性越强,冲击危险性越大,反之微震活动性越弱,冲击危险性越小。为反映微破裂事件的时序密集特征,可通过计算相邻微震事件发生的时间间隔来量化反映微震序列的时序集中程度,因此,定义时序集中度指标如下:

$$Q_{11} = \frac{\mathrm{Var}(T)}{\overline{\Delta T}} \tag{6-1}$$

式中,$\overline{\Delta T}$ 和 $\mathrm{Var}(T)$ 分别是相邻微震事件发生时间间隔的平均值和方差。$Q_{11}=0$ 表示微破裂事件过程是周期性发生;$0<Q_{11}<1$,是准周期性发生;$Q_{11}=1$,是随机平稳的泊松过程;$1<Q_{11}<\infty$,表示为丛集过程[276-277]。实际应用时,微震频次和时序集中度指标在一定程度上是等价的,一般可以相互替代使用。

为说明该指标识别断层冲击前兆的可行性,如图 6-3 所示为实验室标准岩样破坏过程中的声发射时序集中度指标演化曲线。从图中可以看出,不管是完整试样,还是断面试样,时序集中度指标值大部分时间都小于 1,说明试样在加载过程中的微破裂产生呈准周期性;对于完整试样,时序集中度指标值在试样从弹性阶段向塑性阶段过渡时(塑性区边界位置)明显大于1,指示该时刻微破裂的产生呈丛集特征,预示着试样进入塑性变形阶段,进一步表明宏观破裂即将发生;对于断面试样,时序集中度指标值在起初的断面滑移阶段、压密结束阶段和进入塑性变形阶段三次出现大于1,说明断面试样在单轴压缩过程中多次出现微破裂丛集现象。综上所述,时序集中度指标可有效识别断面滑移和宏观大破裂的前兆信息,因此可作为断层型冲击矿压的监测预警指标。

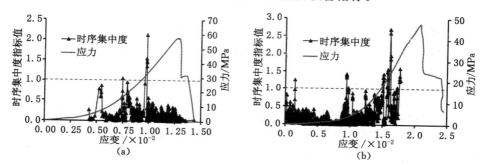

图 6-3　时序集中度指标

(a) 完整试样;(b) 断面试样

(2) 空间因子 W_2

实验室尺度下的声发射现象揭示,断面试样整个加载过程中的声发射事件在空间上沿断面集中分布,而完整试样在加载过程中的声发射事件在空间上由两端向中间扩展,即断面试样加载过程中的声发射事件分布集中,完整试样分布离散,以此可作为断层活化滑移的前兆。推广到矿山开采尺度,在一定的研究范围内,当微震密集分布(成丛成条带分布)时,微震活动性强,冲击危险性大,如果正常分散分布,则安全,微震活动性低。为了量化震源事件集中分布这一前兆信息,定义如下震源集中程度指标。

令 $\sum$ 为震源坐标参量 x,y,z 的协方差矩阵,$X=(x,y,z)^{\mathrm{T}}$,各参量组成的期望矩阵为 $u=(u_1,u_2,u_3)^{\mathrm{T}}$。考虑到 $(X-u)^{\mathrm{T}}\sum^{-1}(X-u)=d^2$($d$ 为常数),设 $u=0$,因此有:

$$d^2 = X^{\mathrm{T}}\sum{}^{-1}X = \frac{Y_1^2}{\lambda_1} + \frac{Y_2^2}{\lambda_2} + \frac{Y_3^2}{\lambda_3} \tag{6-2}$$

式中,λ_1、λ_2、λ_3 为协方差矩阵 $\sum$ 的特征根,Y_1、Y_2、Y_3 为特征根对应的主成分。由此可知,式(6-2)是一个椭球方程。

设参量 x,y,z 遵从三元正态分布,则其概率密度函数为:

$$f(x,y,z) = \frac{1}{(2\pi)^{3/2} \left| \sum \right|^{1/2}} \exp\left(- \frac{1}{2} X^{\mathrm{T}} \sum{}^{-1} X\right) \tag{6-3}$$

式中, $\left| \sum \right|$ 为协方差矩阵 $\sum$ 的行列式。很明显,式(6-2)为三元正态分布的等概率密度椭球曲面,即椭球体积越大,说明椭球表面处样本出现的概率越小,分布的离散程度越高;反之,椭球表面处样本出现的概率越大,集中程度越高。

因此,在三维空间中可采用等概率密度椭球的体积($4\pi d^3 \sqrt{\lambda_1 \cdot \lambda_2 \cdot \lambda_3}/3$)来反映微震事件分布的震源集中程度,通过消除常量及量纲影响,得出震源集中程度指标为:

$$Q_{21} = \sqrt[3]{\sqrt{\sqrt{\lambda_1 \cdot \lambda_2 \cdot \lambda_3}}} \tag{6-4}$$

同样将该指标应用于声发射监测尺度,如图 6-4 所示,图中断面试样加载下的震源集中度指标值趋于平稳,并明显低于完整试样加载下的集中度指标值,这与观测到的震源事件分布现象相符,同时还能很好地量化描述震源分布的集中程度。

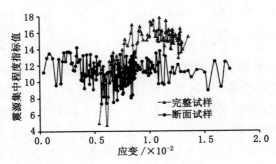

图 6-4　震源集中度指标

(3) 强度因子 W_3

实验室声发射尺度监测结果显示,受加载的煤岩样在出现宏观破裂之前,声发射频次和能量急剧增大。因此,除频次和震源集中程度以外,微震能量的大小也是一个重要指标。由岩石力学理论可知,一个微震事件被定义为在一定体积内的突然非弹性变形,该变形引起可检测的地震波。Benioff[92],Kracke et al.[278]研究发现,每次地震所释放能量的平方根与这次地震发生前岩体内的应变成正比,且应变释放比能量释放更适合描述地震活动性。进一步考虑到应力和应变在弹性范围内成正比,于是,微震所释放能量的平方根就是冲击矿压发生前岩体内应力状态的一个测度。采用单位面积、单位时间内的应力当量总和作为总应力当量指标，即：

$$Q_{32} = \frac{\sum \sqrt{E_i}}{ST} \tag{6-5}$$

式中　E_i——统计区域内第i个微震事件的能量，J；

　　　　S——面积，m²；

　　　　T——统计时间，d。

在所讨论的时空范围内，如有两组微震事件，其频次相同，总能量也相同，但其最大能量仍可能不同。此时，可认为最大能量大的微震事件组活动性强。因此，强度因子还应包含最大应力当量指标：

$$Q_{31} = \sqrt{E_{max}} \tag{6-6}$$

式中　E_{max}——统计时段（区域）内微震事件的最大能量。

6.2.1.2　综合异常指数及异常分级判据构建

由于断层型冲击矿压的复杂多样性，不同条件下存在不同的前兆模式，单维信息指标只能从某一角度侧重反映冲击危险，采用多维信息指标监测断层型冲击矿压是必然的趋势；另外，多维信息指标中的各指标又都包含断层型冲击矿压发生的某些信息，甚至很多指标还存在物理内含的重复，同时各指标量纲和权重均存在很大的差异，因此，有必要统一各指标的异常指数并最终确定多维信息指标的综合异常值，进而达到精细化监测预警断层型冲击矿压的目的。

在可靠性分析理论中，指数分布函数描述了一种产品的失效：

$$F(t) = 1 - e^{-\lambda t} \tag{6-7}$$

式中，$F(t)$为失效分布函数，即产品寿命的分布函数；$\lambda > 0$为产品的失效率。将产品的失效比喻为出现冲击矿压的概率，即失效率越高，产品失效（冲击矿压发生）的可能性越大。进一步推导可得出适用于各指标统一转换的异常指数表达式[279]：

$$W_{ij} = \frac{e - e^{1-\lambda_{ij}(t)}}{e - 1} \tag{6-8}$$

式中，$\lambda_{ij}(t)$为相应指标在统计时间窗t内的异常隶属度，取值范围为0~1。具体$\lambda_{ij}(t)$的计算采用归一化方法：

对于正向异常指标的W_{11}、W_{31}和W_{32}：

$$\lambda_{ij}(t) = (Q_{ij} - Q_{min})/(Q_{max} - Q_{min}) \tag{6-9}$$

对于负向异常指标的W_{21}：

$$\lambda_{ij}(t) = [(Q_{max} - Q_{ij})/(Q_{max} - Q_{min})] \tag{6-10}$$

其中，Q_{ij}为指标序列值；Q_{max}为指标序列最大值；Q_{min}为指标序列最小值。

综合异常指数 W 构建如下：

$$W = \sum \omega_{ij} \cdot W_{ij} \tag{6-11}$$

其中，ω_{ij} 为各指标的预测权重，满足 $\sum \omega_{ij} = 1$。

在矿井监测区域内，一定时间内进行了一定的微震观测，此时，就可以通过微震多维信息指数，对当前的冲击危险等级进行预测。根据理论分析、实验室试验和大量现场试验[280]，冲击矿压的危险程度可定量分为 4 级，并根据不同的冲击危险程度，可采用相应的防治对策，见表 6-1。

表 6-1 冲击矿压危险状态分级

危险等级	危险状态	异常指数值	防治对策
A	无	<0.25	所有的采掘工作可正常进行
B	弱	$0.25\sim0.5$	采掘过程中，加强冲击危险的监测预报
C	中等	$0.5\sim0.75$	进行采掘工作的同时，采取治理措施，消除冲击危险
D	强	>0.75	停止采掘作业，人员撤离危险地点；采取治理措施，并通过监测检验，冲击危险消除后，方可进行下一步作业

6.2.1.3 预测效能评估及检验

采用许绍燮[281]提出的地震预报能力 R 值评分法评估各指标预测效能。R 值评分的基本公式为：

$$R = R_1 - R_0 = \frac{报对次数}{应预报总次数} - \frac{预报占用时间（或面积）}{预报研究总时间（或面积）} \tag{6-12}$$

式中，R_1 为报准率；R_0 为虚报率。$R=1$ 表示全部报准；$R=-1$ 表示全部报反；$R=0$ 表示预报没有起作用。

根据二项分布曲线：

$$\alpha(n,k,R_0) = \sum_{i=k}^{n} C_n^i R_0^i (1-R_0)^{n-i} \tag{6-13}$$

式中，n 为应预报总次数；k 为报对次数；$n-k$ 为漏报次数；R_0 为虚报率，又称占时（空）率。令 $\alpha=10\%$ 时，根据各指标实际预测情况，将不同的 k、n 代入式 (6-13) 求出 R_0，再代入式 (6-12)，即可求得置信度 90% 下的 R 值临界值，用 $R_{1-\alpha}$ 表示。当指标实际计算获得的 R 值大于 $R_{1-\alpha}$ 时，即认为 R 值有 $1-\alpha$ 的置信度。至于其预报效能的大小，仍以 R 值本身数值的大小为准。

6.2.1.4　权重确定

为了综合反映各指标的预测效能,认为指标预测高危险等级的 R 值越大,说明该指标预测效能越高,可构建如下公式对各指标进行综合评分:

$$R_{ij} = 0.75 \times R_{Dij} + 0.5 \times R_{Cij} + 0.25 \times R_{Bij} \qquad (6\text{-}14)$$

式中, R_{Dij} 、 R_{Cij} 和 R_{Bij} 分别为以强、中等和弱危险等级作为异常判据时计算得出的 R 值。

进而归一化得出各指标的权重:

$$\omega_{ij} = \frac{R_{ij}}{\sum R_{ij}} \qquad (6\text{-}15)$$

由于 R_{31} 和 R_{32} 同属强度因子 W_{31} 和 W_{32} 的预测效能,两者之间重复信息较多,同时赋予 W_{31} 和 W_{32} 较大权重不合理。因此,计算各指标权重之前,应分别对 R_{31} 和 R_{32} 进行对半平均处理: $R_{31} = R_{31}/2$, $R_{32} = R_{32}/2$ 。

6.2.1.5　资料预处理

（1）特征矿震定义

矿震（mining tremor）,即矿山震动,指微震监测系统观测到的所有由采矿活动引起的岩层震动。其中造成灾害性影响（包括巷道、工作面的突然破坏以及人员伤亡等）的矿震称为冲击矿压[282-284]。

冲击矿压发生所需的能量因开采、地质以及现场卸压程度和巷道支护条件的变化而不同,但是能量越大的矿震,造成破坏性后果的可能性越高。Tsukakoshi et al.[285]、Amitrano[259]在统计分析地震、矿震及声发射的 G-R 幂率时发现,在高能量（震级）端存在偏离幂率的现象,将大于拐点处对应震级的所有地震称之为特征地震,进一步分析发现这些特征地震发生之前都存在 b 值下降前兆。徐伟进 等[286]根据截断的 G-R 幂率关系计算了东北地震区震级上限,并取得了很好的普适性。根据 Lepeltier[287]提出的相对累计总量分析,在相对累计密度与样本元素值的双对数分布图中,分布曲线的拐点处元素值就是该样本背景与异常的分界线。因此,特征矿震,指统计意义上的异常矿震,即大于 G-R 幂率曲线中高能量端偏离幂率拐点处对应能量的矿震,其研究尺度可缩小至实验室试样尺度下声发射现象中的宏观破裂,或扩大至地壳尺度下地震现象中的特征地震[259]。

（2）分区筛选

由于微震监测系统记录的是全矿井尺度内发生的震动信号,而每个矿区可能又不止一个生产区域,各生产区域在不同地质条件下产生的震源机制也不尽相同,并且即使同一工作面在不同时期也存在规律上的变化,所以有必要对监测区域在不同监测时段内的矿震数据进行分区筛选[288-289]。

（3）分级筛选

通常，冲击矿压发生前煤岩体会在应力作用下产生众多小能量级别的矿震，两者之间具有伴生关系，而这些小矿震则是研究并预警冲击矿压和特征矿震的重要信息源，所以预警分析时应剔除已发生过的冲击矿压和特征矿震事件，即以特征矿震的分界线作为能量的上限。同时，由于矿震的监测受到微震监测仪器灵敏度、记录条件、台网控制能力等影响，仪器观测和处理数据的能力有限，即存在一个能量下限。本书以 G-R 幂率曲线 $\lg N(\geqslant \lg E) = a - b \lg E$ 高能量端和低能量端偏离幂率曲线的拐点分别作为能量上、下限的分界线。能量上限分界线采用下式计算识别：

$$R_{i-\text{High}} = \frac{\sum\limits_{j=i-1}^{n}(x_j - \bar{x})(y_j - \bar{y})}{\sqrt{\sum\limits_{j=i-1}^{n}(x_j - \bar{x})^2 \sum\limits_{j=i-1}^{n}(y_j - \bar{y})^2}} \qquad (6\text{-}16)$$

式中，$i = 2, 3, \cdots, n$，$R_{i-\text{High}}$ 为 G-R 幂率曲线中横坐标 $\lg E_i$ 对应的相关系数值，$\bar{x}$ 为 x 序列的样本均值，$\bar{y}$ 为 y 序列样本均值，当中参与计算的点序列 (x, y) 为 G-R 幂率曲线中对应的点序列：$(\lg E_{i-1}, \lg N_{i-1})$，$(\lg E_i, \lg N_i)$，$\cdots$，$(\lg E_n, \lg N_n)$。当 $R_{k-\text{High}} = \min\{R_{(n-1)/2}, R_{(n+1)/2}, \cdots, R_{k-\text{High}}, \cdots, R_n\}$ 时，能量上限即为 $R_{k-\text{High}}$ 对应横坐标 $\lg E_k$ 中的能量 E_k。能量下限分界线根据下式计算识别：

$$R_{i-\text{Low}} = \frac{\sum\limits_{j=1}^{i}(x_j - \bar{x})(y_j - \bar{y})}{\sqrt{\sum\limits_{j=1}^{i}(x_j - \bar{x})^2 \sum\limits_{j=1}^{i}(y_j - \bar{y})^2}} \qquad (6\text{-}17)$$

式中，$i = 2, 3, \cdots, n$，$R_{i-\text{Low}}$ 为 G-R 幂率曲线中横坐标 $\lg E_i$ 对应的相关系数值，当中参与计算的点序列 (x, y) 为 G-R 幂率曲线中对应的点序列：$(\lg E_1, \lg N_1)$，$\cdots$，$(\lg E_{i-1}, \lg N_{i-1})$，$(\lg E_i, \lg N_i)$。当 $R_{k-\text{Low}} = \min\{R_2, \cdots, R_{k-\text{Low}}, \cdots, R_{(n-1)/2}\}$ 时，能量下限即为 G-R 幂率曲线中纵坐标 $R_{k-\text{Low}}$ 对应横坐标值 $\lg E_k$ 中的能量 E_k。

6.2.2　冲击前兆的微震活动性多维信息识别

6.2.2.1　资料选取与筛选

资料选取河南义马跃进煤矿 25110 工作面回采过二次"见方"及断层危险区期间（2011-5-1～2011-10-1）的微震监测数据，全矿总共监测到矿震 1 184 个，如图 6-5 所示，期间 25110 工作面共发生有记录的冲击矿压 4 次，当中包括一次透水事件,见表 6-2。

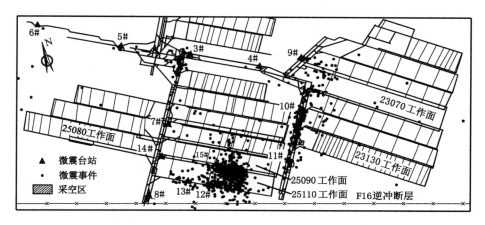

图 6-5 跃进煤矿微震监测系统台网布置及微震事件分布

表 6-2 现场冲击矿压显现记录

发生时间	能量/J	位置	现场描述
2011-5-26 13:00:21	2.42×10^7	25110 下巷	511.4 m 处门式抬棚倾倒,下巷 550 m 换棚处煤壁片帮严重
2011-8-13 06:31:09	2.32×10^7	25110 工作面	工作面从 5# 到 68# 支架大面积顶板淋水(第 60# 支架最先开始出现淋水),整个工作面支架普遍较低,煤壁片帮严重,其中 63# 到 105# 支架最低,工作面底鼓明显
2011-8-26 00:18:21	1.47×10^7	25110 下巷	波及范围 350~480 m,破坏煤壁 8 m
2011-8-29 03:23:27	1.77×10^7	25110 下巷	F2509 断层附近煤尘大,声音大,巷道有明显变化,380~400 m 处巷道 O 形棚收缩 200 mm 左右

如图 6-5 所示,全矿矿震活动存在 5 个明显分区:25110 工作面开采活动区域(12#、13#、15# 台站附近)、23 采区下山活动区域(10# 与 11# 台站之间)、23070 工作面两巷掘进活动区域(9# 与 10# 台站之间)、井底车场活动区域(3# 台站附近)以及西翼大巷掘进活动区域(5#、6# 台站附近)。根据分区原则[288] 筛选出 25110 工作面开采活动引起的矿震事件,并结合式(6-16)和式(6-17)分别求得该工作面矿震的能量上下限,如图 6-6 所示,即下限为 $10^{1.33}$ J,上限为 $10^{6.93}$ J,最终获得满足条件的矿震 701 个。

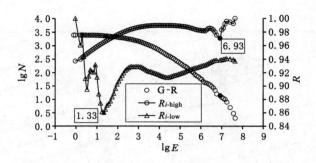

图 6-6　25110 工作面矿震能量上下限求解图

6.2.2.2　时序前兆识别

采用 5 d 时间窗,1 d 滑移步长,绘制出微震活动性多维信息指标曲线,如图 6-7(a)～(d)所示,进而计算得出各指标的时序预测效能及其权重,见表 6-3。其预报成败的依据是:指标值超过异常临界值后 5 d(时间窗大小决定)内是否发生特征矿震,若发生,则预报成功,反之则失败。赋予各指标权重,即 $\{W_{11},W_{21},W_{31},W_{32}\}=\{0.114,0.470,0.245,0.172\}$,得出综合异常指数曲线,如图 6-7(e)所示。同时,为方便比较工作面开采速度对冲击矿压的影响,以同样的统计方法在各指标曲线图中添加了进尺曲线,见图 6-7 中的 Advance extent 曲线。

6.2.2.3　空间前兆识别

根据高斯光滑模型理念[290-294],将震源简化为点源,并以定位误差作为统计滑移半径,其数值由定位误差数值仿真方法[295]计算获得。同时,为避免统计滑移过程中遗漏个别矿震而导致结果失真,网格划分间距 s 与统计滑移半径 r 满足关系如下:$s \leqslant \sqrt{2}r$。空间统计滑移模型示意如图 6-8 所示,其具体计算过程为:以各网格节点对应的统计圆为区域统计窗口,计算各统计区域的指标值作为各网格节点的数值,然后采用插值法即可获得研究区域的各指标空间分布。

采用定位误差数值仿真计算,得出研究区域的震源及其定位误差分布,如图 6-9 所示,可知震源分布区的最大定位误差为 30 m,因此,取 $r=30$ m,$s=42$ m。由于空间统计滑移模型中的统计区域较小,为一固定形状,此时,统计区域的微震频次基本反映了震源分布的集中程度,即频次越大,震源集中程度越高。因此,空间预测时,作为近似,空间因子 W_{21} 可忽略。于是,绘制出微震活动性多维信息指标空间云图,如图 6-10(a)～(c)所示;进而计算出各指标的空间预测效能及其权重,见表 6-4;赋予各指标权重,即 $\{W_{11},W_{31},W_{32}\}=\{0.347,0.303,0.350\}$,得出综合指标的空间云图,见图 6-10(d)。

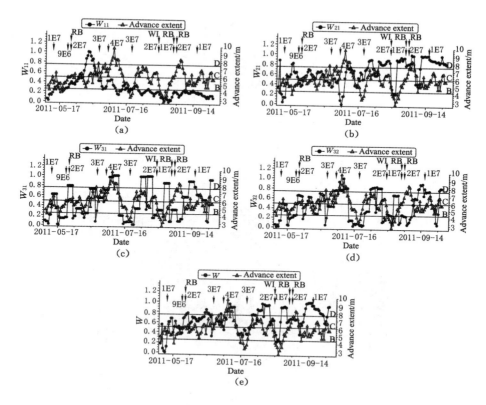

图 6-7 微震活动性多维信息指标时序曲线

（RB：冲击矿压事件；WI：透水事件；D：强危险等级；C：中等危险等级；B：弱危险等级）

（a）频次 W_{11}；（b）震源集中程度 W_{21}；（c）最大应力当量 W_{31}；

（d）总应力当量 W_{32}；（e）综合异常指数 W

表 6-3　微震活动性多维信息指标时序预测效能及权重分析

指标	报准率 R_1			虚报率 R_0			R 值（括号中为 $R_{1-40\%}$）			R_{ij}	权重 W_{ij}
	弱	中等	强	弱	中等	强	弱 R_{Bij}	中等 R_{Cij}	强 R_{Dij}		
W_{11}	0.500	0.100	0.100	0.374	0.097	0.045	0.126(0.087)	0.003(0.050)	0.055(0.050)	0.074	0.114
W_{21}	1.000	0.900	0.600	0.884	0.684	0.374	0.116(0.088)	0.216(0.092)	0.226(0.091)	0.306	0.470
W_{31}	0.700	0.700	0.500	0.626	0.471	0.252	0.074(0.093)	0.229(0.093)	0.248(0.087)	0.319	0.245
W_{32}	0.700	0.700	0.300	0.652	0.406	0.213	0.048(0.093)	0.294(0.093)	0.107(0.074)	0.224	0.172
W	1.000	0.900	0.600	0.910	0.742	0.323	0.090(0.088)	0.158(0.092)	0.277(0.091)	0.310	—

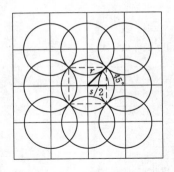

图 6-8　空间统计滑移模型示意图

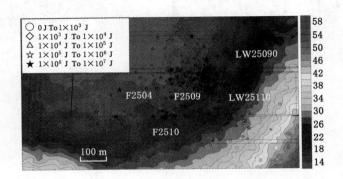

图 6-9　研究区域震源及其定位误差分布图(单位:m)

表 6-4　　　　　微震活动性多维信息指标空间预测效能及权重分析

指标	报准率 R_1			虚报率 R_0			R 值(括号中为 $R_{1-5\%}$)			R_{ij}	权重 W_{ij}
	弱	中等	强	弱	中等	强	弱 R_{Bij}	中等 R_{Cij}	强 R_{Dij}		
W_{11}	0.300	0.200	0.200	0.104	0.047	0.015	0.196(0.213)	0.153(0.163)	0.185(0.163)	0.264	0.347
W_{31}	0.800	0.500	0.200	0.263	0.107	0.027	0.537(0.307)	0.393(0.278)	0.173(0.163)	0.461	0.303
W_{32}	0.600	0.500	0.300	0.169	0.064	0.025	0.431(0.296)	0.436(0.278)	0.275(0.213)	0.532	0.350
W	0.900	0.500	0.500	0.253	0.121	0.040	0.647(0.294)	0.379(0.278)	0.460(0.278)	0.696	—

6.2.2.4　主要结果与分析

为便于说明,将 2011-5-1～2011-10-1 研究期间的 10 次特征矿震依时间顺序按①～⑩编号,各自发生的日期、位置、能量及其对应工作面进尺位置情况如图 6-11 所示。另外分析发现,10 次特征矿震涵盖了所有冲击事件,其冲击震源(③、⑦、⑧、⑨)及显现位置(R1、R2、R3、R4)如图 6-11 所示。

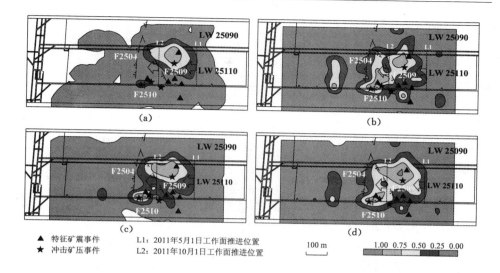

图 6-10　微震活动性多维信息指标空间云图
（a）频次 W_{11}；（b）最大应力当量 W_{31}；（c）总应力当量 W_{32}；（d）综合异常指数 W

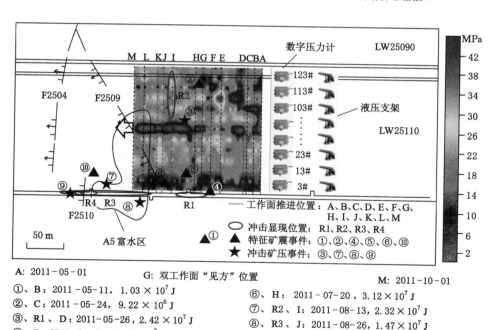

A：2011-05-01　　　　　　　G：双工作面"见方"位置　　　　　　　　　　M：2011-10-01
①、B：2011-05-11，1.03×10⁷J
②、C：2011-05-24，9.22×10⁶J　　　　　　⑥、H：2011-07-20，3.12×10⁷J
③、R1、D：2011-05-26，2.42×10⁷J　　　　⑦、R2、I：2011-08-13，2.32×10⁷J
④、E：2011-06-21，3.20×10⁷J　　　　　　⑧、R3、J：2011-08-26，1.47×10⁷J
⑤、F：2011-06-29，4.41×10⁷J　　　　　　⑨、R4、K：2011-08-29，1.77×10⁷J
　　　　　　　　　　　　　　　　　　　　　⑩、L：2011-09-16，1.47×10⁷J

图 6-11　研究期间支架压力监测方案及结果、特征矿震、冲击矿压空间分布情况

（1）冲击作用机制分析

① 开采深度

25110 工作面采深 1 000 m 左右，构成了该工作面频繁发生冲击矿压的静载应力条件。

② 开采速度

如图 6-7 所示，4 次冲击矿压全部发生在开采速度急剧增加阶段，然而也并非所有开采速度增加时段都发生了冲击矿压，说明开采速度的增加是该矿冲击矿压发生的一个诱因。

③ 工作面二次"见方"

理论及微震监测分析表明[296-298]，当工作面推进至单个工作面或多个工作面"见方"位置，即覆岩关键层处于正"O—X"型破断位置时，矿山压力达到最大值，极易导致冲击矿压的发生。为了实时监测 25110 工作面矿压情况，现场安装了 KJ216 矿压监测系统，监测方案如图 6-11 所示：从 3♯支架开始每隔 10 架液压支架安装一个数字压力计，总共安装数量为 13 个。图中等值云图为研究期间的矿压监测结果，期间对应的 25090 和 25110 双工作面"见方"位置如图中字母 G 标示。从图中可以看出，"见方"期间（E～H）的支架压力明显增加，尤其是 E 和 G 两处，同时在"见方"位置前后附近发生了①～⑥号矿震，其中①～③号矿震发生时对应的工作面位置（B、C、D）离"见方"位置较远，④～⑥号矿震发生时对应的工作面位置（E、F、H）位于"见方"位置附近，且所有矿震均超前工作面发生，结合现场地表塌陷不明显现象表明，上覆 190 m 巨厚砂砾岩基本顶并不是一次性破断失稳，而是在一定范围内分层持续破断。

④ 断层

如图 6-11 所示，从 2011-8-13（对应工作面进尺位置 I）开始，工作面支架压力整体上开始偏大，截至 2011-10-1（对应工作面进尺位置 M），F2510 断层附近总共发生 4 次特征矿震，当中包括 3 次冲击矿压。尤其是⑦号矿震引发的透水事件 R2，在发生透水当天，A5 富水区（图 6-11）左侧边缘监测到⑦号矿震，之后工作面 5♯到 68♯支架出现大面积顶板淋水（当中 60♯支架最先开始出现淋水），同时整个工作面支架普遍较低，煤壁片帮严重，其中 63♯到 105♯支架最低，说明顶板在断层和采动双重影响下发生断裂，导致工作面开采空间与 A5 富水区贯通。

另外，对比震源定位结果（③、⑦、⑧、⑨）和冲击显现位置（R1、R2、R3、R4）可以看出，震源点并不是冲击显现最强烈区域，巨厚基本顶分层破断运动和断层失稳是这几次冲击的主要诱发因素，顶板破断与断层滑移释放的能量与处于高能量积聚状态的煤岩体综合作用最终导致冲击发生。综上所述，①～⑩号特征矿震的发生是在开采速度因素的诱发下,由巨厚顶板"见方"破断和断层活动两因素主要控制。

（2）时空前兆识别结果分析

从表 6-3、表 6-4 可以看出：① 各指标的预测效能 R 值均大于 0,其中,空间预报上除了 R_{B11} 和 R_{C11} 以外,其余 R 值均大于 $R_{1-5\%}$,时序上除了 R_{B31}、R_{B32} 和 R_{C11} 以外,其余 R 值均大于 $R_{1|40\%}$,说明建立的指标体系具有一定的时空预测效能,其中空间上高达 95% 的置信度。② 根据综合评分 R_{ij} 值对各指标进行排序：时序预报上 $W_{31} > W > W_{21} > W_{32} > W_{11}$,空间预报上 $W > W_{32} > W_{31} > W_{11}$,从排序上可以看出,综合异常指数 W 在时空预报上分别排名第二、第一位,同时,综合异常指数 W 的报准率和强危险等级预测效能 R_D 均大于单向异常指标,表明综合异常指数能有效综合微震时、空、强异常信息,从而突出前兆,提高预测效能。

以强危险等级作为异常判据,时序前兆识别结果如下（图 6-7）：W_{11} 虽然仅报准④号矿震,但它是 4 项指标体系中唯一报准④号矿震的指标；W_{21} 报准①、②、⑦、⑧、⑨、⑩号矿震；W_{31} 报准③、⑦、⑧、⑨、⑩号矿震；W_{32} 报准⑤、⑦、⑩号矿震；W 报准④、⑤、⑦、⑧、⑨、⑩号矿震。分析结果表明,W_{21} 和 W 报准率最高,达 60%,综合考虑所有指标时,除⑥号矿震未报出异常外,其余 9 次均出现异常信息,报准率达 90%。另外,各指标曲线与进尺曲线（advance extent）存在明显的相关性,其中 W_{11} 在 2011 年 6 月 22 之前与进尺曲线呈正相关,之后呈负相关；W_{21} 在 2011 年 6 月 22 之前与进尺曲线呈负相关,之后呈正相关；W_{31} 和 W_{32} 与进尺曲线基本呈正相关。综上表明微震活动性多维信息识别指标体系能响应开采速度影响,并能从不同侧面提取各类主控因素影响下特征矿震发生的前兆。

空间前兆识别结果如下（图 6-10）：W_{11} 为强危险区域 2 次,中等危险区域 0 次,弱危险区域 1 次,无危险区域 7 次；W_{31} 为强危险区域 2 次,中等危险区域 3 次,弱危险区域 3 次,无危险区域 2 次；W_{32} 为强危险区域 3 次,中等危险区域 2 次,弱危险区域 1 次,无危险区域 4 次；W 为强危险区域 5 次（包含冲击矿压 3 次）,中等危险区域 0 次,弱危险区域 4 次,无危险区域 1 次。综上所述,各指标分别从不同程度上反映了不同区域的冲击危险程度,其中,综合异常指数 W 预测效果最好,预测效能达 0.696。

6.2.3　监测实例

实际预测应用时,对于新安装微震监测系统的矿井,各指标可暂时赋予相同权重,其他计算不变,待监测数据量达到至少 3 个月以上后,采用第 6.2.2 节介绍的方法重新确定指标权重。为了使得预测结果更为准确，一般对于不同地质条件控制下的不同时段或不同工作面，其指标权重都应及时重新训练做出相应调整。

以第 6.2.2 节计算得出的各指标时空权重对 25110 工作面未来几个月的冲击危险状态、区域及等级进行时空监测预报，具体计算方案为：时序上以 5 d 时间窗、1 d 滑移步长进行各指标统计计算，并以一个月作为绘图时间窗口，空间上以一个月时间作为各指标统计计算及绘图的窗口。

具体以 2011 年 12 月 3 日 12:50:59 发生于 25110 工作面下巷 F2504 断层附近的冲击矿压为例（图 6-12）：该次冲击显现位置为工作面前方 28～48 m，破坏地点处原始巷高 3.5 m，底鼓处 2.8～3.3 m，瞬间变形量为 0.2 m；震源位于 F2504 断层线中央。

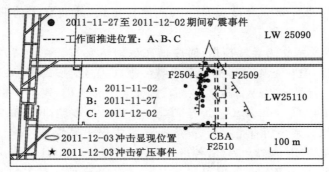

图 6-12　2011 年 12 月 3 日冲击概述

如图 6-13 所示为 2011 年 12 月 2 日对应的指标时序预测曲线和进尺曲线。从图中可以看出，从 11 月 15 日开始，随着工作面开采速度的增加，频次（W_{11}）和应力指标（W_{31} 和 W_{32}）急剧上升并达到最大（震动活跃期），维持 5 d 后开始下降，直至 11 月 25 日工作面开始匀速推进时，W_{11} 维持较高水平，W_{31} 和 W_{32} 下降至低谷（平静期），为典型的冲击前兆；震源集中程度指标（W_{21}）从 11 月 27 日开始一直维持在强冲击危险等级，结合 11 月 27 日至 12 月 2 日期间的震源分布（图 6-12）发现，当工作面接近 F2504 断层时，矿震事件在断层附近出现明显的成丛成条带分布，表明断层附近在积聚应力，可以作出冲击危险性预报；综合异常指数 W 提前 4 d 给出了强危险等级的预报，同时还避免了 W_{21} 在 11 月 6 日至 9 日期间的虚报。

如图 6-14 所示为 2011 年 12 月 2 日对应的指标空间预测云图，从图中可以看出，W_{11} 和 W_{32}，以及 W_{31} 和 W_{32} 分别在 F2504 断层区域和巷道区域表征出中等冲击危险以上等级；W 指标预测得出的断层强危险区域和巷道中等危险区域分别与该次冲击的震源及显现位置对应一致。

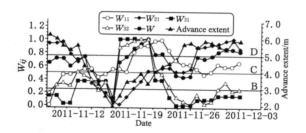

图 6-13　指标时序预测曲线

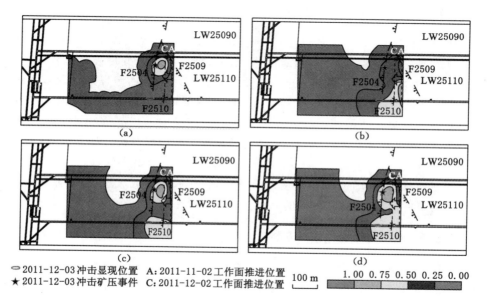

图 6-14　指标空间预测云图

(a) 频次 W_{11}；(b) 最大应力当量 W_{31}；

(c) 总应力当量 W_{32}；(d) 综合异常指数 W

综上所述,冲击矿压可以由构造应力为主要因素导致的高应力场与采动应力场叠加后孕育而生,也可以由顶板破断、断层滑移等为主要因素加速触发孕育过程导致,但往往是多种因素共同引发,其中一种或多种因素发挥主要作用。本书构建的微震活动性多维信息识别指标体系是多种因素作用下的综合体现,且不同指标侧重体现不同主控因素,如 W_{21} 对断层、顶板"见方"等主要因素导致的震源事件成丛成条带分布前兆识别明显,W_{11}、W_{31} 和 W_{32} 对开采速度引起的局部应力集中以及能量时空迁移识别明显。预测应用表明,本书提出的时序预测技术能够实时定量反映当前整个监测区域的冲击危险状态,空间预测技术能定量反映近期监测区域内的冲击危险区域及危险等级,从而完善补充了煤矿冲击矿压的时空监测预报方法。进一步结合表 6-1 所示的危险等级划分及其防治对策,可为现场防冲措施的采取提供指导,进而解决现场防冲措施实施的盲目性问题。

6.3 断层型冲击矿压的冲击变形能时空监测

6.3.1 多尺度冲击矿震模型

从力学角度讲,冲击矿压(岩爆)、地震的孕育发生过程实质上都是震源体在力的作用下发生变形、损伤直至破坏(失稳)的过程,与煤岩变形破裂过程(应力应变曲线)基本一致(图 6-15)。进一步结合实验室尺度下的声发射现象和矿山开采尺度下的微震现象,以及图 5-15 所示的采掘空间围岩各单元与其应力应变曲线上各点的对应关系,获得如图 6-15 所示的多尺度冲击矿震模型。由图可知,变形区包括裂隙闭合、弹性变形、裂隙稳定扩展和裂隙非稳定加速扩展;到达 B 点时,试样进入非弹性变形阶段,低能量声发射事件开始产生,即对应矿井尺度下的低能量矿震($10^2 \sim 10^4$J);接近 D 点时,微裂纹发展成宏观破裂,出现高能量声发射事件,对应矿井尺度下的高能量矿震($10^5 \sim 10^7$J)。

6.3.2 冲击变形能指数时序构建

如第 5 章所述,不管是声发射尺度,还是微震尺度,是完整试样,还是断面试样,声发射及微震事件的产生主要位于非弹性变形的 BC 阶段(图 6-15),且该阶段的声发射及微震现象往往揭示出宏观大破裂、冲击矿压的前兆异常信息。因此,若能准确获知该阶段的应变参量(ε_0、ε 和 ε_l,其中 $\varepsilon_0 < \varepsilon < \varepsilon_l$),如图 6-15 所示,则可以采用如下冲击危险系数 W_ε 对冲击发生之前的危险状态等级(无、弱、中、强)进行预警:

$$W_\varepsilon = \frac{\varepsilon - \varepsilon_0}{\varepsilon_l - \varepsilon_0} \tag{6-18}$$

式中,W_ε 的数值范围为 0~1 之间,当 $W_\varepsilon = 1$ 时,表示宏观破裂已经发生。

现在关键的问题是如何确定式中的应变参量(ε_0、ε 和 ε_l),现有的应变测量手段也许能对某一时刻某一特定点的应变值 ε 进行测定,但是对于应变临界值(ε_0、ε_l)的测定存在很大难度。结合微震监测手段时,上述问题将成为可能,其依据是每次地震所释放能量的平方根与这次地震发生前岩体内的应变

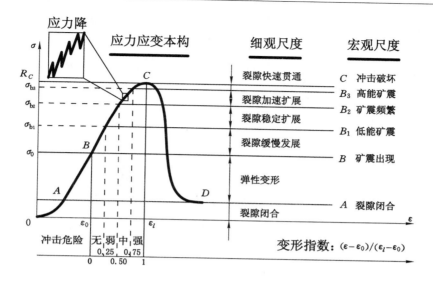

图 6-15 多尺度冲击矿震模型

成正比[92,278]，同时，应变临界值 ε_0 对应的 B 点正好对应于矿井开采过程中的矿震包络线，即矿震产生的起始点。因此，可以采用微震目录对上式进行实用转换：

$$W_\varepsilon = \frac{\varepsilon_{Et} - \varepsilon_{E0}}{\varepsilon_{El} - \varepsilon_{E0}}, \varepsilon_{Et} = \sum_{i=1}^{N} \sqrt{E_i} \tag{6-19}$$

式中，N 为上一次特征矿震（宏观破裂）之后的矿震事件总数，E_i 为上一次宏观破裂之后第 i 次矿震所释放的能量，ε_{Et} 为当前应变值，ε_{El} 为应变临界值，ε_{E0} 为应变初始值。对于特征矿震（宏观破裂）已发生的历史 W_ε 曲线，以发生过的特征矿震作为当前宏观破裂的结束点，同时以宏观破裂结束点对应的 ε_{El} 值作为 ε_{El} 值，即此时 $W_\varepsilon = 1$，表示宏观破裂已经发生；对于下一次特征矿震还未开始，即向前预测时，则根据对已发生的矿震进行样本训练获得 ε_{El} 值，所述样本训练一般采取 75% 的预测能效进行仿真训练。ε_{E0} 默认设置为 0。

由于指标 W_ε 的计算是采用应变参量来描述冲击矿压的危险等级，其中应变由矿震的能量换算获得，因此，我们称指标 W_ε 为冲击变形能指数，ε_{E*} 为冲击变形能值。

式(6-19)描述的是煤岩样单向加载的变形破裂过程，在现场没有人为干扰，如大直径、注水、爆破、预裂等卸压措施实施的条件下，式(6-19)反映当前的冲击危险状态是没有问题的。然而，上式监测预警的目的之一就是指导现场采取卸压措施，一旦卸压措施的效果起作用，仍采用式(6-19)计算冲击变形能 ε_{Et} 就不合理了,正如循环加载实验下的应变值变化规律表明[299],卸载时应变值也急剧下降。此时,如何识别当前危险性是否解除,即当前卸压解危效果如何,成为另一需要解决的问题。在此规定,当满足式(6-20)时,当前冲击危险性解除,冲击变形能指数下调一个危险等级。

$$\begin{cases} \sum E_{i-2} > \sum E_{i-1} > \sum E_i \\ E_{\max} > E_b \end{cases} \tag{6-20}$$

式中,$\sum E_{i-2} > \sum E_{i-1} > \sum E_i$ 表示统计区域内矿震每日释放总能量连续 3 d(可以根据现场实际情况进行调整,可以多于 3 d 或少于 3 d)下降;$E_{\max}$ 为统计区域内矿震连续 3 d 内释放能量的最大值;E_b 为统计区域内矿震释放能量的背景值,其数值通常采用 Lepeltier[287]介绍的统计方法计算所有小于宏观破裂事件的矿震数据的平均值获得。

6.3.3 冲击变形能指数空间构建

传统的矿震活动分布图是在矿震发生的位置采用不同符号表示不同能量级别来描述。该类图像形象直观,便于主观定性分析,所以一直被学者们采用,但无法适用于定量分析比较。因此,定义空间上的冲击变形能指数为单位面积、单位时间内的应变能量总和,同时为了使结果更为精细化,对最终结果进行对数处理,即:

$$\varepsilon_E = \lg \left[\frac{\sum \sqrt{E_i}}{ST} \right] \tag{6-21}$$

式中 E_i——落入统计区域内第 i 个矿震的能量,J;

S——统计区域面积,m²;

T——统计时间,d。

值得指出的是,式(6-21)与总应力当量指标式(6-5)的物理意义一致,因此,在空间描述上,冲击变形能指数与总应力当量指标本质上是等价的。

6.3.4 监测实例

6.3.4.1 常规冲击危险监测

实例监测同样选取河南义马跃进煤矿 25110 工作面回采过二次"见方"及断层危险区期间的微震数据。根据微震计算获得该阶段的特征矿震为 $10^{6.93}$ J;取小于特征矿震的所有矿震数据的平均值作为统计区域矿震释放能量的背景值,即 $E_b = 99\ 528$ J;根据已发生的特征矿震,选取 75% 的预测效能进行样本训练获得 $\varepsilon_{El} = 2\ 151$;最终,绘制出冲击变形能指数的时序曲线,如图 6-16

所示。实例表明,现场强矿震(特征矿震)和冲击显现与冲击变形能预警指标对应较好,预测效能较高。

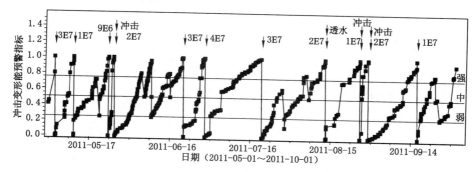

图 6-16　冲击变形能指数时序预警

根据如图 6-8 所示的空间统计滑移模型,赋予相关计算参数数值:统计滑移半径 30 m,网格划分间距 10 m。最终可获得 25110 工作面不同时段的冲击变形能指数空间分布,如图 6-17 所示,图中符号表示用于计算冲击变形能指数的矿震事件。由图可知,冲击变形能指数不仅包含传统的矿震活动分布信息(图中符号表示),并且提供的信息量更为精细化,获得的矿震危险分布区域更为明显,说明冲击变形能指数分布图比传统的矿震危险分布图更适合描述冲击危险,且适用于定量分析比较。

6.3.4.2　断层区域冲击危险监测

河南义马跃进煤矿 25110 工作面开采深受 F16 逆冲断层的威胁,属于典型断层型冲击矿压影响的采煤工作面。该矿自 2009 年 5 月 15 日安装 ESG 微震监测系统以来,完整监测到了 25110 工作面掘进及回采期间人为开采活动引起的围岩破裂事件。如图 6-18 所示为该工作面掘进期间的微震及其冲击变形能分布,由图可知,掘进初期,微震事件及其冲击变形能分布比较离散,且微震能量比较小,一般小于 10^5 J;随着掘进工作面逐渐临近工作面中部小断层区域时,微震事件开始沿断层集中分布,说明该区域小断层在采掘扰动作用下容易活化,进而引起断层型冲击矿压;掘进后期,当掘进面临近 F16 断层时,具体离 F16 断层的平面距离为 137 m 左右以后一直到开切眼施工,微震频次和能量急剧增加,其中最大能量达 $5×10^5$ J,同时震源分布逐渐向 F16 大断层位置转移,说明 F16 断层附近存在较大构造应力,在人为掘进扰动作用下开始活化并释放大量能量,另外还间接说明掘进活动对 F16 断层的扰动作用范围为 137 m,这为后续回采期间重点监测和防治区域的确定提供了依据,具体危险区域为图 6-18(b)所示冲击变形能云图中矿震集中分布的高值区域。

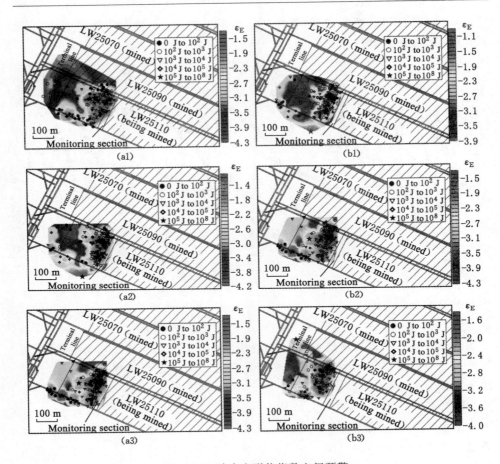

图 6-17 冲击变形能指数空间预警

(ε_E 为 $\lg\sqrt{J}$ 的当量，J 的单位为焦尔，图中符号表示用于计算冲击变形能指数的矿震事件)

(a) 当前冲击变形能分布：(a1) 2012-4-1～2012-4-20，

(a2) 2012-4-16～2012-5-8，(a3) 2012-5-8～2012-6-7；

(b) 未来冲击变形能分布：(b1) 2012-4-21～2012-5-21，

(b2) 2012-5-9～2012-6-9，(b3) 2012-6-8～2012-7-8

如图 6-19 所示为 25110 工作面回采期间(2010-7-18～2012-09-14)微震及其冲击变形能分布图，由图可知，25110 工作面回采初期，冲击变形能分布也明显偏向于下巷及 F16 断层附近，这与掘进期间微震监测揭示出的冲击危险区域完全一致，该区域现场严重的冲击显现(如"2010-8-11"冲击事件和"2011-3-1"冲击事件)也证实了这一点。

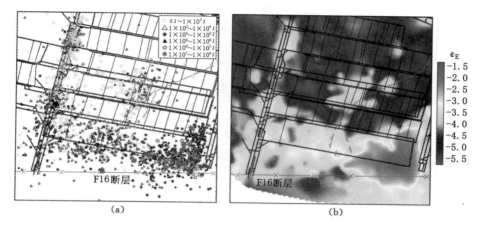

图 6-18   25110 工作面掘进期间微震及其冲击变形能分布图（2009-05-15～2010-7-17）

（a）微震事件；（b）冲击变形能

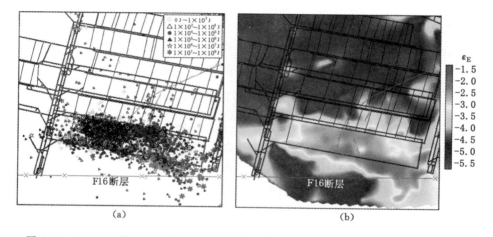

图 6-19   25110 工作面回采期间微震及其冲击变形能分布图（2010-7-18～2012-09-14）

（a）微震事件；（b）冲击变形能

6.4 断层型冲击矿压的震动波速度层析成像监测

6.4.1 震动波速度层析成像原理

利用人工爆破、锤击震源或开采引起的矿震和井下或地面安置的震动台站，根据台站与震源之间的距离 L 和台站接收到的初至时间 T 来反演"台站—震源"空间包络区域的波速分布 $V(x, y, z)$，探测示意如图 6-20 所示。

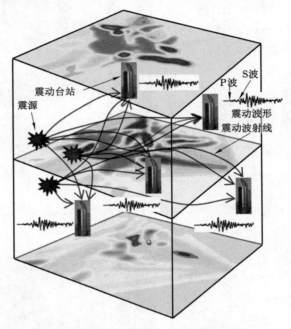

图 6-20　矿震震动波速度层析成像技术探测示意图

　　震动波在走时成像情况下以射线的形式在探测区域内部介质中传播（见图 6-20），反演前，首先精确计算震源位置，然后选取探测目标区域的震源事件及其对应目标区域附近震动台站上标记的初至时间（P 波初至或 S 波初至）作为反演原始数据，随后将"台站—震源"包络的空间区域介质划分为一系列小矩形网格，最终通过一个高度近似进行反演，其公式为[191,193]：

$$V = \frac{L}{T} \rightarrow VT = L \tag{6-22}$$

$$T_i = \int_{L_i} \frac{\mathrm{d}L}{V(x,y,z)} = \int_{L_i} S(x,y,z)\mathrm{d}L \tag{6-23}$$

$$T_i = \sum_{j=1}^{M} d_{ij}S_j \quad (i = 1, \cdots, N) \tag{6-24}$$

式中　T_i——震动波旅行时间，s；

　　　L_i——第 i 个震动波的射线路径；

　　　$V(x,y,z)$——震动波传播速度，m/s；

　　　$S(x,y,z)$——慢度，$S(x,y,z)=1/V(x,y,z)$，s/m；

　　　d_{ij}——第 i 个震动波的射线穿过第 j 个网格的长度；

N——射线总数；

M——网格数量。

进一步表示成矩阵形式如下：

$$T = DS \rightarrow S = D^{-1}T \tag{6-25}$$

式中 T——震动波旅行时间列向量（$N \times 1$）；

S——慢度列向量（$M \times 1$）；

D——射线长度矩阵（$N \times M$）。

通常，式（6-25）是一个欠定或超定方程组，求解此类方程组的有效算法一般是迭代算法。目前，大多数引用的迭代算法有 ART 算法和 SIRT 算法[300]。

6.4.2 数据采集及反演参数确定

本节同样以义马跃进煤矿 25110 工作面为例，数据采集所用的设备为现场安装的微震监测系统，反演使用的震源为微震监测系统所监测到的矿震，反演分析采用的是课题组自行编制的 MINESOSTOMO 软件[301]。反演计算之前，需要先筛选矿震事件，一般选取波形清晰（P 波到时容易识别）、激发台站个数较多（至少 5 个通道）的事件。同时，为了尽可能减小反演计算模型的尺寸，提高反演效率，以及避免不规则的"震源—台站"空间分布引起反演结果的不可靠性，筛选事件时，一般选取发生在研究区域 25110 工作面附近的震动事件，标记有效震动事件通道时，一般标记研究区域附近的台站通道。

影响反演计算结果的主要参数有[200,210]：初始速度模型，"震源—台网"几何分布或射线覆盖密度，以及模型网格尺寸。其中，"震源—台网"几何分布因素在前期的数据筛选过程中就已经确定。此外，为了增加射线的覆盖密度，往往是通过增加震源事件数量或台站数量来解决。由于在反演计算迭代过程中选取的是 SIRT 算法，因此参与第一次迭代过程计算的初始速度模型显得尤为重要。此外，模型网格尺寸参数直接影响反演结果的精度，研究表明[205,302]，理论上的最大反演精度为一个波长长度的距离。

根据现场原位试验确定的定位 P 波速度，赋予初始的常值速度模型值为 4 km/s。根据 Nyquist 采样定理，当采样频率大于信号中最高频率的 2 倍时，采样之后的数字信号才能完整保留原始信号中的信息，实际应用中一般保证采样频率为信号最高频率的 5～10 倍。目前现场微震监测系统普遍使用的采样频率为 500 Hz，即能完整监测到的震动信号频率约为 0～150 Hz，以 P 波速度值 4 km/s 计算，得出 P 波波长数值为大于 26.7 m。同时，考虑到研究区域震源的最大平面定位误差为 30 m，以及煤矿井下实际的台站安装条件使得震源无法在垂向上得到很好约束，进而导致震源垂向定位误差偏大（最大误差一般为 70 m 以上），因此，网格尺寸划分为 30 m×30 m×100 m。最后，为减小反演解的不确定性和提高反演计算效率，对反演过程中的最大波速值进行了约束，设定为 6 km/s。

6.4.3 监测实例

6.4.3.1 常规冲击危险监测

(1) 冲击危险评估

如图 6-21 所示为 25110 工作面回采不同时段煤层水平位置的波速分布切片图，图中不同符号表示了反演阶段未来一个月发生的矿震，Monitoring section 所指的区域表示反演期间工作面开采的区域。由图可知，几乎所有矿震（尤其是能量大于 10^5 J 的矿震事件）均发生在高波速区[图 6-21(a)、(b)、(d)]或高波速变化梯度区[图 6-21(a)、(c)、(d)]，表明震动波速度层析成像技术监测冲击危险是可行的。

(2) 数值模拟对比

为了验证波速反演结果推断应力分布，进而获得冲击危险区域的可行性，根据第 5 章 FLAC³D数值模拟计算得出的 25110 工作面回采过程中煤层附近层位的垂直应力分布，如图 6-22 所示。对比图 6-21 和图 6-22 分析发现，图 6-22 中显示的高应力分布与图 6-21 中的高波速分布大体一致，尤其是两者对工作面超前支承压力分布带的反映基本一致。由于数值模拟是对实际开采技术条件、生产地质条件及煤岩力学参数的一种简化，如无法有效模拟开采速率对工作面周围应力的影响、煤岩体中隐伏的断层构造、煤岩体的非均质性及各向异性等，而地下采矿工程极为复杂，从而导致模拟结果大都是半定量化或规律性的结论。如图 6-22 所示的数值模拟结果，随着工作面推进，垂直应力分布规律一般变化不明显，与实际工作面周围的应力分布偏差较大，尤其是很难给出巷道不同位置的冲击危险性。而图 6-21 所示的层析成像结果显示，不同时段内的波速分布规律均不同，获得的信息量比数值结果更丰富，尤其是能够反映不同时段不同区域内的冲击危险状态。从这一角度考虑，震动波速度层析成像技术对现场的冲击矿压监测具有更好的指导意义。

(3) 钻屑监测对比

钻屑法理论基础表明[4]，钻出煤粉量与煤体应力状态具有定量的正相关关系。选取 2012 年 4 月 16 日至 5 月 8 日时段[图 6-23(a)]和 2012 年 5 月 8 日至 6 月 7 日时段[图 6-23(b)]的层析成像结果与相应时段内的钻屑量进行对比分析发现，不同波速区对应的钻屑监测结果差别较大，高波速区钻屑量高，低波速区钻屑量低，两者对应关系较好。值得一提的是，图中钻屑量数据来自反演时段

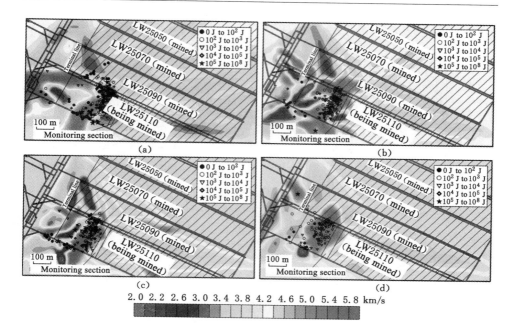

图 6-21 25110 工作面煤层位置的震动波速度层析成像切片图及未来矿震事件分布

（Monitoring section 表示反演期间工作面开采的区域）

（a）反演期间为 2012 年 2 月 10 日至 2 月 24 日，符号表示 2012 年 2 月 25 日至 3 月 25 日发生的矿震事件；

（b）反演期间为 2012 年 4 月 1 日至 4 月 20 日，符号表示 2012 年 4 月 21 日至 5 月 21 日发生的矿震事件；

（c）反演期间为 2012 年 4 月 16 日至 5 月 8 日，符号表示 2012 年 5 月 9 日至 6 月 9 日发生的矿震事件；

（d）反演期间为 2012 年 5 月 8 日至 6 月 7 日，符号表示 2012 年 6 月 8 日至 7 月 8 日发生的矿震事件

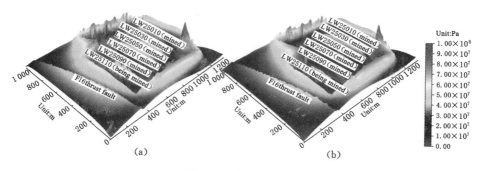

图 6-22 数值模拟结果

（a）25110 工作面推进 580 m；（b）25110 工作面推进 460 m

末 10 d 左右实施大直径卸压孔时排出的煤粉量，钻孔实施地点为巷道上帮，将相邻区域各钻孔煤粉量累加后，最终取平均每米煤粉量作为钻屑监测结果。

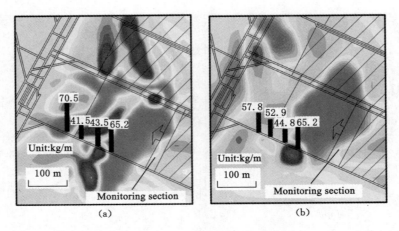

图 6-23 25110 工作面钻屑监测结果

（4）钻孔应力监测对比

图 6-21 所示的波速反演结果显示，工作面前方均存在明显的波速分区，各自超前工作面的距离分别为 170.5 m、185.0 m、112.8 m 和 142.2 m，平均约为 152.6 m；图 6-24 为 2012 年 2 月 12 日通过在工作面两巷前方 240 m 分别布置炮点和地震传感器反演获得的波速分布图，图中波速分区范围在运输平巷侧超前工作面 138 m，这就是超前支承压力带。

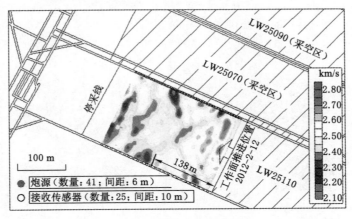

图 6-24 采用人工爆破获得的 25110 工作面震动波速度层析成像结果

由于工作面超前支承压力带特征是预测冲击矿压的主要依据，为了验证矿震震动波速度层析成像技术反演推断支承压力带的可行性，选取该矿于 2011 年 10 月 26 日在 25110 工作面运输平巷上帮煤体中安装的 20 组应力传感器监测值作为研究对象,如图 6-25 所示。图中共布置 20 组应力计,每组由两个应力传感器组成,安装深度分别为 12 m 和 18 m,前 10 组安装间距为 15 m,后 11 组间距为 25 m。图 6-26 所示为工作面回采过程中 11♯、12♯、13♯应力传感器的监测结果曲线,从图中可以看出,当工作面推进距应力传感器 120 m 至 130 m,平均 125 m 时,各传感器数值均急剧上升,由此可推断作为超前支承压力的影响范围。

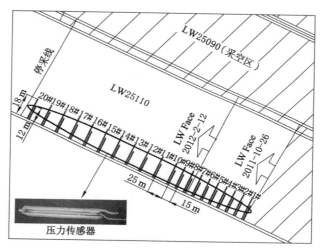

图 6-25　工作面运输平巷钻孔应力监测方案

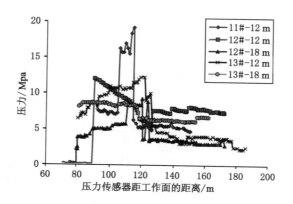

图 6-26　工作面回采过程中压力传感器的监测结果

震动波速度层析成像与钻孔应力监测结果相差较大,分析其可能原因是:

●反演精度不同,两种震动波层析成像反演精度分别为 30 m(图 6-21)和 7 m(图 6-24),即最终反演得出的超前支承压力范围应分别为 122.6～152.6 m 之间和 131~138 m 之间的某个数值;而钻孔应力曲线中统计的离散点数值为每天传感器连续监测数值的平均值,25110 工作面每天平均推进 1.2 m,即钻孔应力法监测得出的超前支承压力范围应为 123.8~125.0 m 之间的某个数值。

●图 6-21 所示的震动波层析成像反演选取的原始数据一般长达 20 d,甚至一个月左右,该时段内工作面周围煤岩体结构发生改变,即波速应发生了变化,而反演过程依然将其设定为不变量,这将引起一定的误差。

综上所述,排除探测精度带来的结果误差后,震动波速度层析成像结果与钻孔应力监测结果基本一致,其数值约为 125 m,可以用来反演推断工作面超前支承压力的影响范围,进而达到评估冲击危险的目的。

(5) 电磁辐射监测对比

研究表明[162-163],电磁辐射信息能够综合反映冲击矿压、煤与瓦斯突出等煤岩灾害动力现象的主要影响因素,其中电磁辐射强度主要反映了煤岩体的受载程度及变形破裂强度,脉冲数主要反映了煤岩体变形及微破裂的频次。

选取 2012 年 5 月 20 至 5 月 30 日的电磁辐射数据进行分析,如图 6-27 所示为每天工作面前方电磁辐射的监测方案及其监测原理示意,图 6-28 所示为监测时段内各监测点处电磁辐射强度最大值之和曲线以及平均值之和曲线。

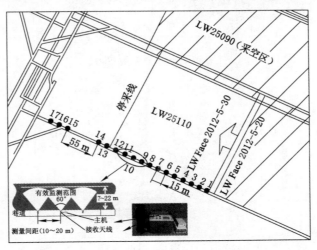

图 6-27 KBD5 电磁辐射监测方案

对比图 6-28 和图 6-21(d)分析发现:测点 1 到测点 12 范围的电磁辐射强度最大值之和以及平均值之和均较大,之间出现波动,其中最大值之和较为明显,达到了 1 752~3 215 mV;在测点 13 到测点 15 区域内的电磁辐射强度最大值之和及平均值之和均较小,其中最大值之和较为明显,最小值为 1 322 mV;测点

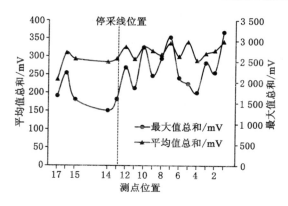

图 6-28　电磁辐射监测结果

16 位置，电磁辐射值较大，最大值之和达到了 2 222 mV。这与图 6-21(d)所示的波速反演结果对应较好，即高波速区对应的电磁辐射强度值较高，低波速区对应的电磁辐射强度值较低。

6.4.3.2　冲击危险监测的量化分析

目前现场应用中，大部分都是通过波速推断应力场来间接探测冲击危险区域，或者直接将波速分布与未来矿震分布进行对比，主观定性地获得了一些结论。然而，如何直接描述波速分布与冲击危险关系之间的量化程度，仍需进一步研究。

由第 6.3.3 小节介绍的冲击变形能指数空间演化结果可知，冲击变形能指数分布图比传统的矿震危险分布图更适合描述冲击危险，且适用于定量分析比较。因此，可以通过冲击变形能指数对传统的矿震活动分布图进行量化处理，然后通过对比纵波速度与冲击变形能的对应关系，从而进一步研究波速与冲击危险的直接及定量关系。然而，根据震动波速度层析成像和冲击变形能指数分别获得纵波速度分布图和矿震危险图后，如何判别两者的一致性，以往一般都是根据人眼主观判别，然而这种判别往往因人而异，同时也没有判别标准可供参考，仅停留在定性分析层面。

结构相似性理论认为，真实的图像信号具有高度的结构化，它们的像素点之间具有很强的相关性，特别是当这些像素点之间在空间位置近似时，这些相关性携带了视觉场景中物体结构的重要信息，人眼的主要功能就是从视觉区域提取图像的结构化信息。根据这一思路，Wang et al. 等[303]提出了一种衡量两幅图像相似度的新指标——结构相似度(structural similarity，SSIM)，其表达式为：

$$\text{SSIM}(X,Y) = \frac{(2\mu_x\mu_y + Z_1)(2Z_{xy} + Z_2)}{(\mu_x^2 + \mu_y^2 + Z_1)(Z_x^2 + Z_y^2 + Z_2)} \tag{6-26}$$

式中，μ_x、μ_y 分别为图像 X、Y 像素点值的均值，表示平均亮度；Z_x、Z_y 分别为图像 X、Y 像素点值的标准差，表示对比度；Z_{xy} 为图像 X、Y 像素点值的协方差，表示图像结构的相似程度；$Z_1=(K_1L)^2$，$Z_2=(K_2L)^2$，其中 L 为像素值的动态范围，$K_1=0.01$ 和 $K_2=0.03$ 一般为默认值。SSIM 数值越大，表示两幅图像的相似程度越高；其最大数值为 1，表示两幅图像完全一致，即可视为是同一幅图。

对比图 6-17 和图 6-21(b)、(c)、(d)分析发现，震动波速度层析成像获得的探测区域明显大于冲击变形能指数描述的危险分布区域。因此，为了保证波速分布图与冲击变形能指数分布图对比的精确性，两者对比之前，波速分布图需截成与冲击变形能分布图像大小形状一致的图像，如图 6-29 所示，同时对所有的图像采用同样的色标进行色彩填充。根据图 6-29 截取的波速分布图和当前及未来冲击变形能指数图像，最终计算得出各图像对比之间的结构相似度指数值，见表 6-5，由表可知：

• 波速与未来冲击变形能指数的相似度指数高达 0.841 7 以上，从量化评估的角度再次验证了震动波速度层析成像评估冲击危险的可行性；

• 当前冲击变形能与波速的相似度指数最小值为 0.793 2，最大值高达 0.904 8，说明冲击变形能指数能反映波速分布的大部分信息，某种程度也可说明该指数用于评估冲击危险的可行性；

• 当前冲击变形能与未来冲击变形能的相似度指数不仅再次表明冲击变形能指数评估冲击危险的可行性，同时也给出了不少专家学者提出的可以采用能量密度云图[168,177]和应力等值线云图[190]预测冲击矿压的依据；

• 未来冲击变形能与波速的相似度指数明显大于未来冲击变形能与当前冲击变形能的相似度指数值，说明从探测冲击危险区域的精度和准确性角度，震动波速度层析成像技术优于冲击变形能指数。

6.4.3.3 断层区域冲击危险监测

为满足监测需要，跃进煤矿于 2011 年 4 月安装调试并运行了 ARAMIS 微震监测系统。选取运行初期(2011-5-7～2011-6-9)的微震事件，获得该时间段的震动波速度层析成像结果，如图 6-30 所示。图中 25110 工作面中部双线部分为该段时间内的回采区域，圆圈为 2011 年 5 月 26 日冲击震源位置。可以看出，高波速区主要位于工作面前方超前支承压力区、中部小断层区域及 F16 断层煤柱区域，这些区域受采动及断层影响，为高应力集中区和断层活化区，具有冲击矿压危险。因此，震动波速度层析成像结果很好地反映出了 25110 工作面中部小断层及 F16 断层在工作面回采过程中的诱冲影响。

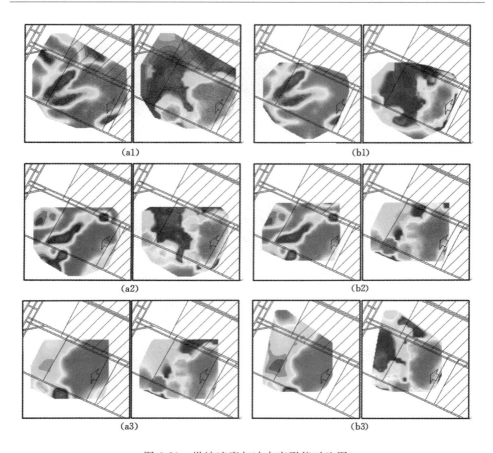

图 6-29　纵波速度与冲击变形能对比图

（a）波速（左）与当前冲击变形能指数（右）：

（a1）2012-4-1～2012-4-20,（a2）2012-4-16～2012-5-8,（a3）2012-5-8～2012-6-7；

（b）波速（左）与未来冲击变形能指数（右）：

（b1）2012-4-1～2012-4-20,（b2）2012-4-16～2012-5-8,（b3）2012-5-8～2012-6-7

表 6-5　　　　　　　　　　　　　　结构相似度指数值

SSIM 指数		对比参数		
		波速与当前 冲击变形能	波速与未来 冲击变形能	当前冲击变形能与 未来冲击变形能
当前时间段	2012-04-01～2012-04-20	0.793 2	0.841 7	0.781 4
	2012-04-16～2012-05-08	0.858 4	0.890 8	0.842 4
	2012-05-08～2012-06-07	0.904 8	0.887 6	0.846 2

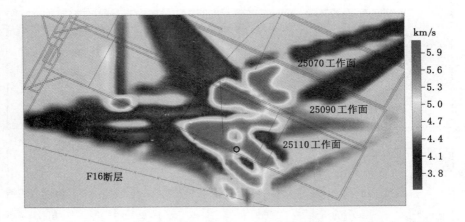

图 6-30　震动波速度层析成像图(2011-5-7～2011-6-9)

6.5　断层型冲击矿压的震源机制监测

6.5.1　波形频谱参数

根据 Brune、Madariaga 等震源模型,震动波信号频谱与震源机制物理参数之间的关系如下[304],地震矩 M_0:

$$M_0 = \frac{4\pi\rho_0 v_0^3 R\Omega_0}{F_c R_c S_c}$$

（6-27）

式中　ρ_0——震源介质密度;

　　　v_0——震源处 P 波或 S 波速度;

　　　R——震源和接收点间的距离;

　　　Ω_0——P 波或 S 波的远震位移谱的低频幅值;

　　　F_c——P 波或 S 波的辐射系数;

　　　R_c——P 波或 S 波振幅的自由表面放大系数;

　　　S_c——P 波或 S 波的场地校正。

震源尺度半径 r_0:

$$r_0 = \frac{K_c \beta_0}{2\pi f_c}$$

（6-28）

式中　K_c——震源模型常数;

　　　β_0——震源区 S 波波速;

f_c——P 波或 S 波的拐角频率。

Brune 应力降估算公式：

$$\Delta\sigma = \frac{7}{16} \cdot \frac{M_0}{r_0^3} = \frac{7}{16} \cdot \left(\frac{2\pi f_c}{K_c\beta_0}\right)^3 M_0 \tag{6-29}$$

由式(6-28)可知,震源破裂尺寸与微震频谱中的角频率成反比,即微震信号频率越低,震源破裂尺寸越大;由式(6-29)可知,在应力降一定的情况下,地震矩越大,角频率越小。因此,通过微震频谱中的角频率不仅可以直接测量每次微震释放的应力大小,还能反映震源的破裂尺寸。

如图 6-31 所示为实验室标准岩样破坏过程中的声发射信号频谱特征演化时序曲线,图中圆圈表示不同应变阶段对应的声发射定位事件信号的峰值频率,低频百分比曲线表示在声发射探头监测频段范围(100～400 kHz)内,峰值频率小于 200 kHz 的撞击事件所占有的百分比。从图中可以看出,对于完整试样,加载初期的压密阶段和弹性阶段主要以低频信号为主,随着加载试样进入到塑性阶段,低频百分比曲线开始下降,即高频成分逐渐增加,直到应力峰值来临之前,低频百分比曲线出现明显的突增异常,因此,低频成分的明显增多可作为宏观破裂的一个前兆;对于断面试样,加载初期的特征同样以低频为主,随后高频信号逐渐增加,直到应力峰值来临之前,低频成分出现明显增多的前兆异常,不同的是断面黏滑震荡期间低频成分也出现增多异常,说明该阶段主要以断面剪切滑移为主,信号呈现出低频特性。

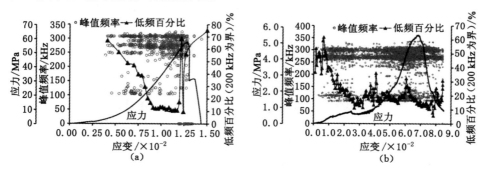

图 6-31　声发射频谱前兆信息识别
(a) 完整试样;(b) 断面试样

6.5.2　监测实例

同样以 2011 年 12 月 3 日 12:50:59 发生于 25110 工作面下巷 F2504 断层附近的冲击矿压为例(图 6-12)。根据第 6.2.3 节介绍,震源集中程度指标

(W_{21})从 11 月 27 日开始一直维持在强冲击危险等级,且 11 月 27 日至 12 月 2 日期间的矿震事件在断层附近出现明显的成丛成条带分布,表明断层附近围岩在积聚应力,断层开始活化。

如图 6-32 所示为 11 月 25 日至 12 月 3 日期间 F2504 断层区域所有微震事件在时序上的频谱演化图,从图中可以看出,发生冲击(12 月 3 日)之前,微震能量释放曲线毫无前兆规律,而 11 月 26 日至 28 日的微震主频变宽(40～120 Hz),低频成分也明显增加,尤其是在 28 日至 29 日期间,出现明显的低频异常。因此,在微震能量释放毫无前兆规律可循的情况下,分析其波形频谱特征不失为寻找冲击前兆信息的另一途径。

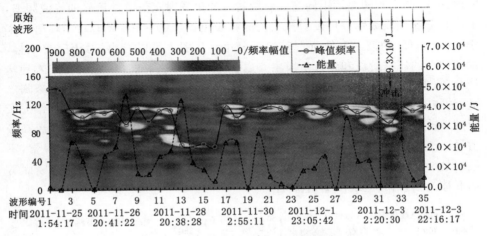

图 6-32 断层型冲击矿压的微震频谱预警实例

6.6 断层型冲击矿压的非线性分形监测

煤岩体的非均质性使得煤岩体受力后产生微破裂,由微破裂所耗散的一部分应变能以弹性波的形式释放,这些弹性波从煤岩体内的源点传播到边界,使用微震(声发射)监测技术可以测定出这些源点的空间坐标。物理学观点认为,在冲击矿压孕育过程中探测到的微震事件表征了冲击矿压发生之前的微破裂过程。研究表明[54],从小尺度破裂(微破裂声发射,mm)到中尺度(冲击矿压、岩爆,m)、大尺度破裂(地震,km)的损伤演化过程是分形,即一个大的破坏(冲击矿压、岩爆或地震)实际上等效于岩体内破裂的一个分形集聚。

6.6.1 分形维数 D

图 6-33 给出了点集盒维数（计算见第 4.4.3 节）分别为 $D_1=0.89$ 和 $D_2=0.85$ 时震动波信号的波形、频谱及其维数计算图。从图中可以看出，$D_1=0.89$ 时的震动波信号 1 曲线明显要比 $D_2=0.85$ 时的信号 2 曲线复杂，且信号 1 的频率主要集中在 $80\sim160$ Hz 的高频，信号 2 的频率则集中于 $20\sim80$ Hz 的低频。分析可知，分形维数 D 越大，震动波信号相邻点之间相关性越弱，意味着信号频谱结构中高频成分越多；而分形维数 D 越小，则信号相邻点之间的相关性强，信号高频成分也少。表明分形维数值的大小反映了震动波信号的频率结构特征。此外，分析发现，人眼看起来十分不同的信号 1 和自身与信号 2 合并产生的信号曲线的分形维数数值相等，数值为 0.89，即满足 $D_{12}=\max\{D_1,D_2\}$ [305]。因此，单一的点集分形盒维数不足以描述震动波信号的本质。

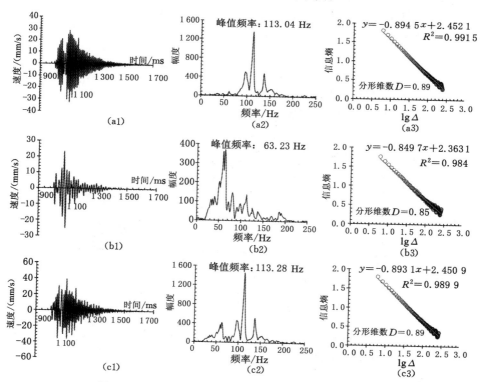

图 6-33　典型的微震波形及其频谱和分形维数计算图

（a1）信号 1 波形图；（a2）信号 1 频谱图；（a3）信号 1 维数计算图；

（b1）信号 2 波形图；（b2）信号 2 频谱图；（b3）信号 2 维数计算图；

（c1）合成信号波形图；（c2）合成信号频谱图；（c3）合成信号维数计算图

究其本质原因,对于震动波波形而言,它是包含纵向幅值和横向时间效应的双尺度信号,采用方形盒子计算维数相当于只用了其中的一个尺度,从物理意义上无法反映各自的标度特性。因此采用矩形盒子对震动波信号的覆盖要比单一片面的方形盒子更具有合理性。这种矩形盒子的横向尺度 Δx 由信号的采样率决定,而纵向尺度 Δy 与信号的振幅有关。设属于平面 F^2 的震动波信号曲线为 l,将 $F \times F$ 划分为尽可能小的矩形盒子 $k\Delta x \times k\Delta y(k=1,2,3,\cdots,$ 表示盒子的放大倍数)。设与所有 l 相交的盒子数量为 $N_{k\Delta x}$(或 $N_{k\Delta y}$),则矩形盒子覆盖情况下的曲线盒维数定义为[306]:

$$D_{\Delta x \times \Delta y} = -\lim_{\substack{\Delta x \to 0 \\ \Delta y \to 0}} \frac{\lg N_{k\Delta_i}}{\lg k\Delta_i} \quad (i = x \text{ 或 } y) \tag{6-30}$$

图 6-34 计算显示,信号 1、2 及其合成信号的曲线盒维数数值分别为 $D_1 = 1.71$、$D_2 = 1.52$ 和 $D_{12} = 1.68$,其中 $D_2 < D_{12} < D_1$,说明这种考虑双尺度效应的曲线分形盒维数可以更精细地描述震动波信号的局部分形特征,从而有效弥补了点集盒维数存在的不足。

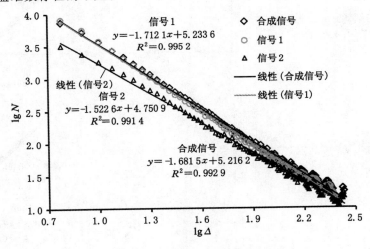

图 6-34 微震信号的曲线盒维数

综上所述,分形维数 D 值的大小反映了震动波信号曲线的整体强弱、复杂程度、频率结构特征和局部奇异性等重要信息,对于冲击前兆信息的识别具有一定的借鉴作用。

6.6.2 G-R 幂率关系 b 值

通常,地震矩 M_0 与震级 M 的关系为[186]:

$$\lg M_0 = c_1 M + c_2, \text{其中} M_0 = C_1 r^3 \tag{6-31}$$

式中，c_1、c_2 为常数，理论上取 $c_1 = 3/2$；$r = A^{1/2}$ 为线性维，A 为断层的破裂尺寸面积。于是 G-R 幂率关系式 $\lg N(\geqslant M) = a - bM$ 可另外表述为：

$$\lg N = -2b \lg r + C_2, \text{即} N = C_2 r^{-2b} \tag{6-32}$$

式中，$C_2 = \dfrac{2}{3} bc_2 + a - \dfrac{2}{3} b \lg C_1$。因此，地震活动性的分形维数为参数 b 值的 2 倍。

将 b 值指标应用于声发射实验尺度，如图 6-35 所示，需要说明一点的是，断面实验在后期的加载过程中由于断面滑移显著引起声发射定位事件缺失，因此图 6-35(b) 中 b 值曲线的后续数据缺失。由图 6-35 可知，断面试样加载下的 b 值主要分布在 0.6 到 0.7 之间，整体上明显小于完整试样加载下的 b 值（0.8 到 0.9 之间），说明断面试样加载下的微破裂强度及其活动性要高于完整试样；断面试样和完整试样在进入塑性阶段时，b 值均出现明显的下降；完整试样在临近

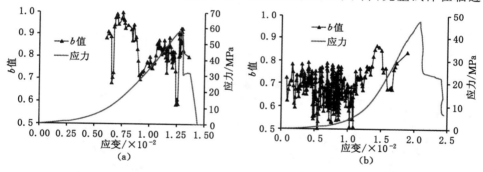

图 6-35　声发射实验中的 b 值变化
（a）完整试样；（b）断面试样

应力峰值时同时还出现明显的低值异常。

6.6.3　监测实例

如图 6-36 所示为跃进煤矿 25110 工作面 11 月 25 日至 12 月 3 日期间 F2504 断层区域所有微震事件的分形盒维数时序演化图，从图中可以看出，对于波形信号简单、频率成分单一（频率带宽窄）、低频成分增加的微震事件，其分形盒维数数值小；在发生冲击（12 月 3 日）之前，分形维数数值同样出现明显的低值异常。

根据跃进煤矿 25110 工作面 2011 年 5 月 1 日至 10 月 1 日回采过二次"见方"及断层危险区期间的所有微震事件，采用 5 d 时间窗，1 d 滑移步长，最终获

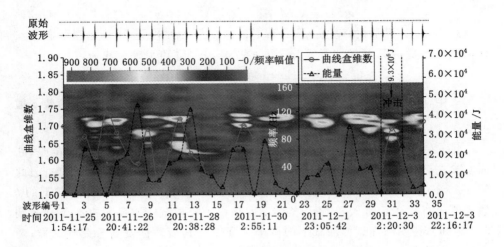

图 6-36　断层型冲击矿压的微震分形维数预警实例

得如图 6-37 所示的 b 值时序演化图。由图可知,大部分强矿震发生之前,均存在 b 值的低值异常。

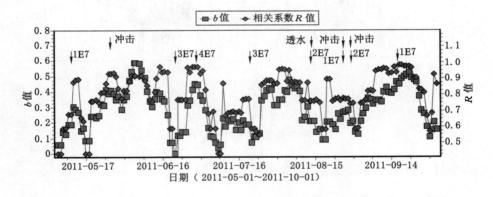

图 6-37　25110 工作面回采期间的 b 值变化

6.7　本章小结

　　本章以断层型冲击矿压前兆存在的力学基础为指导,综合考虑多尺度条件下的声发射及微震多参量前兆信息,构建了微震多参量时空监测预警指标体系,小结如下:

（1）总结了"一中心，四变化，五指标"的指导思想。以断层型冲击矿压存在前兆的根源——煤岩材料的非均质性为中心，监测内因——煤岩变形的局部化，如综合考虑微震时、空、强三要素的微震活动性多维信息指标；监测外因——周围环境介质信息变化，如描述煤岩体内地球物理场变化的震动波速度层析成像指标；监测损伤与能量释放的周期变化，如描述变形能积聚、损伤消耗与释放过程的冲击变形能指标，以及捕捉微破裂事件的时空强演化从无序到有序的非线性混沌、分形特征的维数和 b 值指标；监测震源机制变化，如波形信息指标——矩张量、频谱等。

（2）断层型冲击矿压的微震活动性多维信息时空监测。建立了时序集中度、震源集中度、最大应力当量和总应力当量的微震活动性多维信息指标体系；采用归一化方法、综合异常指数方法和时空统计滑移模型，分别获得了各指标异常临界值、监测区域的冲击危险状态、具体危险区域及等级；该指标体系综合考虑了微震时、空、强要素，能从时序上定量描述断层监测区域的冲击危险状态，空间上定量反映监测时段内断层冲击危险的区域和等级，现场中指导实施防冲措施。

（3）断层型冲击矿压的冲击变形能时空监测。建立了冲击变形能指数，并分别给出了该指数在时序和空间上的构建思路，结果表明，冲击变形能指数在时序上能够实时反映井下当前断层监测区域的冲击危险状态和指导现场采取对应的防治对策，以及实时检验当前卸压解危措施效果；空间上不仅包含传统的矿震活动分布信息，并且提供的信息量更为精细化，获得的矿震危险分布区域更为明显，能有效揭示出断层冲击的异常危险区域，比传统的矿震危险分布图更适合描述断层冲击危险，且适用于定量分析比较。

（4）断层型冲击矿压的震动波速度层析成像监测。对比矿震分布发现，强矿震主要发生在高波速区或高波速变化梯度区；对比传统监测手段发现，波速反演获得的超前支承压力影响范围与数值模拟及钻孔应力监测结果对应较好，波速获得的信息量比数值模拟结果更丰富，尤其是能够反映不同时段不同区域内的冲击危险状态；波速值与钻屑量及电磁辐射监测值之间存在正相关关系，且对应一致性较好；采用结构相似度指数 SSIM 量化分析波速与冲击变形能发现，纵波速度和冲击变形能指数均可用于探测冲击危险区域，且探测效能较高；与正常冲击危险监测区域相比，震动波速度层析成像结果能有效揭示出断层冲击危险区域。

（5）断层型冲击矿压的震源机制监测。微震频谱分析不仅可以直接获得每次微震释放的应力大小，还能反映震源的破裂尺寸；实验和现场结果表明，断层型冲击矿压发生之前，出现低频成分明显增多的前兆异常。

（6）断层型冲击矿压的非线性分形监测。分形维数 D 值的大小反映了震动波信号曲线的整体强弱、复杂程度、频率结构特征和局部奇异性等重要信息，对于冲击前兆信息的识别具有一定的借鉴作用；断面试样和完整试样在进入塑性阶段时，声发射 b 值均出现明显的下降，其中完整试样在临近应力峰值时还出现明显的低值异常。

7　断层型冲击矿压的监测与防治工程实践

断层作为煤矿采掘过程中普遍存在的一种地质构造形态,给煤矿生产带来巨大的安全隐患,如顶板、水、火、瓦斯、冲击矿压灾害等,尤其是随着煤炭开采深度的增加,断层型冲击矿压已成为煤矿开采过程中普遍的安全问题。前述断层型冲击矿压的动静载叠加诱发原理、多尺度前兆信息识别及其微震多参量时空监测预警为断层型冲击矿压的监测与防治技术奠定了理论基础。以此理论基础为前提,总结了断层型冲击矿压的监测与防治思路,并具体针对河南义马跃进煤矿和甘肃宝积山煤矿特殊的地质与开采技术条件,开展了断层型冲击矿压的监测与防治技术应用研究。

7.1　断层型冲击矿压监测与防治思路

由第 2 章介绍的断层型冲击矿压动静载叠加作用机理可知,断层型冲击矿压是人为开采活动形成的顶板和断层煤柱,与自然存在的断层组成三对象,在各环路存在的静载应力场变化和动载应力波作用下,三对象相互影响和促进,最终导致煤柱的瞬间失稳破坏而形成。因此,断层型冲击矿压的监测与防治也主要从三对象和动静载两效应着手。

监测主要包括:

(1)煤柱的监测主要是监测煤柱上的静载应力场,如钻屑法监测、钻孔应力监测、震动波速度层析成像监测、电磁辐射监测、声发射监测、位移监测等;

(2)顶板的监测主要是监测顶板的静载应力场变化,如震动波速度层析成像监测、响应顶板破断时引起"反弹"和"压缩"两大效应的支架压力监测等,以及顶板破断时产生的动载监测,如反映顶板的来压、破裂形态及其范围的微震监测、支架压力监测等;

(3)断层的监测主要是监测断层附近的静载应力场分布,如震动波速度层析成像监测、钻屑法监测、钻孔应力监测等,以及断层活化时产生的动载监测,主要采用微震监测。

防治上主要从降低煤柱静载和弱化断层超低摩擦效应两大方面来降低断层

型冲击矿压发生的可能性,换言之,就是降低煤柱积聚弹性变形能的能力和切断或弱化断层型冲击矿压三对象之间的各环路。

(1) 降低煤柱静载包括:① 松动破碎煤体,降低煤体冲击倾向性、抗压强度和积聚能量的能力,使发生冲击的临界应力升高,如大直径钻孔卸压、煤体爆破、煤层高静压注水软化或压裂等;② 预裂顶板促使砌体梁结构失稳和块体 A 回转,或者使岩块断裂长度减小、变厚,促使滑落失稳,且降低 A、B 岩块载荷,如顶板深孔爆破、定向水力致裂等;③ 充填采空区减小块体 B 回转下沉,使岩块 A 在煤柱宽度较大时回转;④ 巷道错层位布置,使其围岩处于低应力区;⑤ 采用工作面斜交过断层,避免煤柱宽度整体性减小。

(2) 弱化断层超低摩擦效应包括:① 控制工作面推进速度,降低开采活动产生的动载对断层的扰动;② 弱化顶板和煤体,降低顶板破断和煤体破坏时释放的动载能量,如大直径钻孔卸压、煤体爆破、煤层高静压注水软化或压裂、顶板深孔爆破、定向水力致裂、切顶巷等;③ 在断层与采掘空间之间设置弱化带,通过增加震动波传播过程中的衰减系数来降低动载应力波对断层超低摩擦效应的触发作用,如大直径钻孔卸压、煤体爆破或注水、卸压巷等。

此外,巷道的加强支护、软包,以及人员个体防护等措施也能有效减小断层型冲击矿压事故带来的损失。

7.2　河南义马跃进煤矿

7.2.1　煤田地质及矿井工作面概况

义马煤盆地是一个封闭的山间断陷盆地,发育在三角形的渑池断块之上,该断块被东北边界的岸上平移断层、西北边界的扣门山—坡头断层及南部边界的近东西向南平泉断层三组断裂所围限。由北向南顺序出露寒武奥陶系、石炭二叠系、三叠系、侏罗系及白垩系,大体上组成一个向斜,如图 7-1 所示。

南部的 F16 逆冲断层横穿常村、跃进、千秋、耿村、杨村 5 个井田,沿煤田延伸 24 km,构成煤田南部自然边界(图 7-1)。在由南向北的大规模推覆作用下,一方面使得 F16 断层以南广大地区上古生界及三叠系掩覆到侏罗系煤系之上,另一方面使得矿区内义马组煤系之上的地层向北逆冲推覆,在煤层中产生一系列伴生构造,使煤层厚度发生剧烈变化,对煤层开采技术条件影响很大。随着矿区主要矿井向深部延伸,接近 F16 断层时,应力集中明显,煤岩动力灾害(冒顶片帮、矿震、冲击矿压等)发生频度和强度急剧增加。受 F16 断层影响,矿山压力增大的采煤工作面有跃进煤矿 25110 工作面、耿村煤矿 12200 工作面、杨村煤

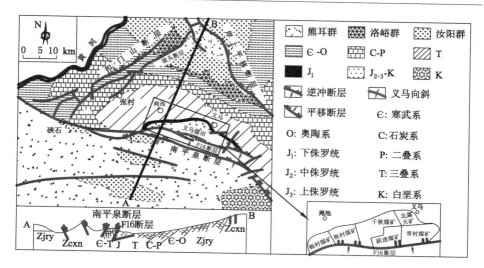

图 7-1 义马煤田地质构造图

矿 D13171 工作面;掘进面主要有千秋煤矿 21221 下巷。近年来,跃进煤矿 25110 工作面曾发生冲击矿压 3 次,杨村煤矿 D13171 工作面发生 3 次,千秋煤矿 21201 工作面发生严重冲击矿压 1 次,21221 下巷发生严重冲击矿压 1 次。尤其是千秋煤矿 21221 下巷掘进工作面发生的冲击矿压事故,造成 10 人死亡,75 人受到威胁。另外,跃进煤矿掘进 F16 探巷时,发生 1 次冲击,千秋煤矿探巷接近 F16 断层时,应力明显增高。

　　河南义马跃进煤矿 25110 工作面采深 1 000 m 左右,为 25 采区东翼第一个综放工作面,平均采高 11 m,主采 2 号煤层。该煤层平均厚度 11.5 m,平均倾角 12°,煤层上方依次为 18 m 泥岩直接顶、1.5 m 厚 1-2 煤、4 m 泥岩和 190 m 巨厚砂砾岩基本顶;下方依次为 4 m 泥岩直接底和 26 m 砂岩基本底(如图 7-2 所示)。井下四邻关系(图 7-3)为:东为 23 采区下山保护煤柱,南为 25 区下部未采煤层,东南部接近 F16 逆冲断层,西为 25 采区下山保护煤柱,北为大采空的 25 采区。其中,25110 上巷(轨道平巷)布置于 25090 工作面采空区下方煤层中,下巷(运输平巷)接近 F16 逆冲断层,并与 F16 断层的最小平面距离约 66 m,工作面中部被 3 条小断层切割。F16 断层上盘岩层在逆冲推覆作用下以断层面为支点发生翻转,最后呈现出直立(或倒转)形态,其断面几何形状呈犁式,浅部倾角 75°,深部倾角 15°～35°,落差 50～450 m,水平错距 120～1 080 m。图 7-3 中地质剖面图所示为途径跃进煤矿的勘探线显示的 F16 逆冲断层剖面图。此外,该矿安装有微震监测系统,其台网布置如图 7-3 所示。

时代	层厚/m	岩性柱状	岩石名称	岩性描述	备注
J₃	190		砂岩、砾岩	块状、灰白色,具含水性	基本顶
J₁₋₂	4		砂质泥岩	深灰色,含植物化石	1-2煤层直接顶
	0~2.5		1-2煤层	黑色、块状,夹矸为炭质泥岩	1-2煤层
	1.5				
	18		泥岩	暗灰色、块状,易破碎,局部裂隙、节理发育	2-1煤层直接顶
	8.4~13.2		2-1煤层	黑色、块状易碎,有较厚矸层,夹矸为炭质、砂质泥岩	2-1煤层
	11.5				
	4		泥岩	深灰色,含植物化石	直接底
	26		砂岩	灰、浅灰色,成分以石英、长石为主	基本底

图 7-2 工作面煤层顶底板柱状

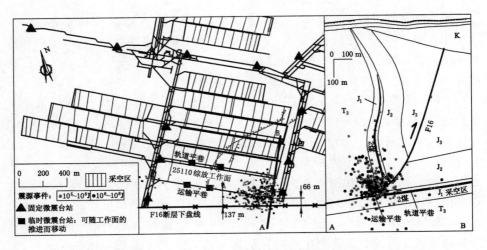

图 7-3 跃进煤矿采掘工程平面图、地质剖面图、微震监测系统台网布置以及

25110 工作面掘进期间 10^5 J 能量以上微震事件分布

7.2.2　冲击矿压概况及其主控影响因素分析

经统计(截止到 2012 年 5 月),跃进煤矿 25110 工作面掘进与回采期间共发生冲击矿压 20 次,冲击能量从 1.10×10^4 J 到 1.57×10^8 J 不等,其中掘进期间 7 次,回采期间 13 次。较典型的冲击事件有,2010 年 8 月 11 日 18 时 11 分,下巷回采至 32 m 时发生冲击,释放能量 9×10^7 J,下巷 480～842.8 m 段合计 362.8 m 受到冲击,造成下巷 O 形棚及门式支架严重损坏,皮带架向下帮侧翻,底板鼓起,2 名作业人员受伤。2011 年 3 月 1 日 10 时 9 分,下巷回采至 195.1 m(冲击震源距工作面 268 m)时发生冲击,释放能量 1.45×10^8 J,下巷 210～410 m 段受到冲击影响,地面有震感,造成 3 名作业人员受伤。

图 7-4 所示为 25110 工作面历次冲击震源分布情况。可以看出:① 冲击震源主要分布在 25110 下巷、F16 断层及工作面中部小断层附近;② 冲击震源随着掘进和回采而动态移动,一般位于掘进头后方和工作面前方,且回采期间,冲击震源位于工作面前方距离的范围及其分布的波动性均较大;③ 随掘进和回采靠近 F16 断层,冲击震源越来越接近 25110 下巷和 F16 断层,此外由于断层走向和工作面推进方向斜交,使得掘进(回采)期间的冲击震源逐渐接近(远离) 25110 下巷和 F16 断层;④ 回采期间冲击释放能量较掘进期间高 2～3 个数量级(掘进期间能量为 10^4～10^5 J,回采期间能量为 10^6～10^8 J)。

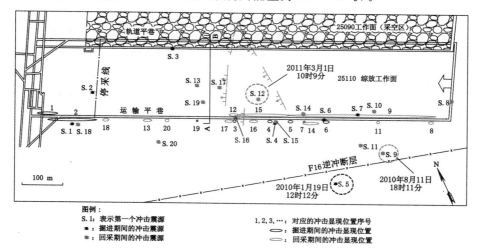

图 7-4　25110 工作面掘进及回采期间冲击震源及其显现位置分布

上述规律表明,25110 工作面冲击矿压的发生主要受断层、断层煤柱、顶板、采掘扰动、采深等因素影响,其中断层活化动载(F16 断层及工作面中部小断层)

和断层煤柱高静载(25110下巷)对冲击的影响最严重。上巷布置在上区段采空区下方煤体中,巷道已充分卸压,使下巷围岩应力显著高于上巷,下巷冲击较上巷严重;采煤工作面与掘进面距断层越近,回采和掘进对断层扰动作用越大,断层解锁滑移时释放的能量越大,冲击越严重,且回采对断层的扰动大于掘进,使得回采期间的冲击强度及其次数高于掘进期间。

7.2.3 断层型冲击矿压的监测实践

7.2.3.1 F16断层型冲击矿压监测

选取25110工作面掘进期间所有能量大于10^5 J的微震事件,并单独绘制成图,如图7-3所示。从图中可以看出,当掘进面临近F16断层时,大量高能量微震事件开始集中分布于F16断层附近;从剖面图上看,微震事件主要分布在断层上盘,并且其大体分布产状与断层面垂直,与前述第3章断层物理力学试验中观察到的等效劈裂破坏现象非常相似,即采掘空间的形成使得水平应力得以释放,此时侧压系数λ减小,容易造成断层的局部下行解锁,解锁后断层上下盘围岩在摩擦滑移过程中发生等效劈裂破坏。

如图7-5所示为25110工作面回采期间(2010-7-17~2011-11-17)工作面每推进20 m的震源空间演化分布图。由图可知,25110工作面回采初期,微震事件主要集中分布在下巷和F16断层之间,且能量普遍大于10^7 J,现场冲击显现非常严重(如"2010-8-11"冲击和"2011-3-1"冲击),这与冲击变形能监测结果(图6-18和图6-19)和震动波速度层析成像结果(图6-30)以及掘进期间微震揭示出的冲击危险区域完全一致;随着工作面开采逐渐远离F16断层,微震事件由开采初期的集中分布到逐步分散再到临近工作面中部小断层区域时的再次集中[呈现出向上巷迁移的趋势,如图7-5(b)所示],并伴随着大能量事件的发生;随着工作面开采进一步远离断层,下巷与F16断层之间的微震事件逐渐减少甚至消失,说明回采扰动对F16断层的影响逐渐减小甚至消失。

综上所述,微震能很好地监测断层型冲击矿压的发生,以及揭示引起断层型冲击矿压的主控因素,因此采用微震监测断层型冲击矿压切实可行。

7.2.3.2 25110工作面中部小断层型冲击矿压监测

(1)监测方案

由25110工作面掘进期间的微震及其冲击变形能分布(图6-18)、回采期间的震动波速度层析成像结果(图6-30),以及"2011-3-1"冲击事故(图7-4)分析表明,采掘活动临近25110工作面中部小断层时,极易诱发断层型冲击矿压。为了重点监测该小断层区域的冲击危险,在往常的微震监测(见第7章)、电磁辐射监测的基础上,另增设了钻孔应力监测、门式支架压力监测和顶板离层监测,方案

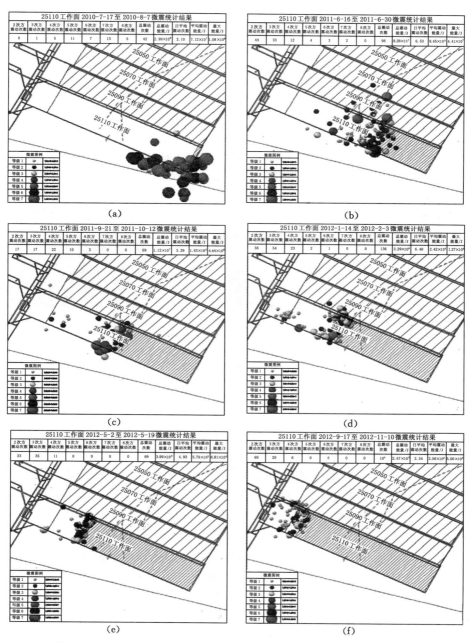

图 7-5 25110 工作面回采期间微震平面时空演化示意图（每推进 20 m）
(a) 2010-7-17～2010-8-7；(b) 2011-6-16～2011-6-30；(c) 2011-9-21～2011-10-12；
(d) 2012-1-14～2012-2-3；(e) 2012-5-2～2012-5-19；(f) 2012-9-17～2012-11-10

如图 7-6 所示。图中数值表示设备安装位置离停采线的距离。

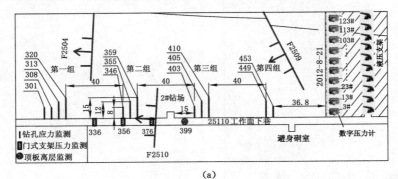

（a）

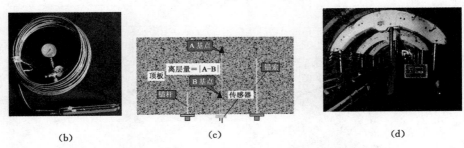

(b)   （c）   （d）

图 7-6　25110 工作面中部小断层冲击危险区域多参量监测方案

（a）监测方案；（b）钻孔应力计；（c）顶板离层监测；（d）门式支架压力监测

（2）案例分析

2011 年 8 月 13 日，25110 工作面出现透水，由于其程度严重，导致当天工作面停产。现场记录为：60♯支架处顶板淋水现象严重（此处最先开始出现淋水），整个工作面支架普遍较低，煤壁片帮严重，其中 63♯到 105♯支架最低，工作面底鼓较平时明显，下巷拆棚处煤壁滑落较多。分析：2011 年 8 月 13 日共监测到微震事件 4 个，其中最早的一次记录为 6:31:09 发生的一次 7 次方事件，当天 25110 工作面处于周期来压期间，且工作面已进入 A5 富水区（如图 7-7 所示），加之断层切割对顶板的弱化作用，致使顶板裂隙加大，顶板富水流入工作面，从 60♯支架顶板开始淋水，随之涌入工作面下巷。最终分析结论为顶板在断层和采动双重影响下发生断裂，导致工作面开采空间与 A5 富水区贯通。

如图 7-8 所示为透水事件前后各监测手段的结果，由图可知：

● 钻孔应力监测结果显示［图 7-8（a）］，离停采线 359.3 m、453 m 两处的钻孔应力持续上涨，分别对应于图 7-6（a）中的 F2510 断层影响区域和超前支

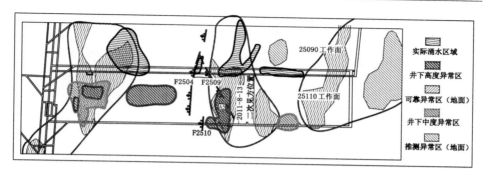

图例说明：
- 实际涌水区域
- 井下高度异常区
- 可靠异常区（地面）
- 井下中度异常区
- 推测异常区（地面）

图 7-7 25110 工作面顶板富水情况

承压力影响区域；此外，分析断层影响区域（359.3 m 位置处）的钻孔应力数据曲线发现，高应力突变之前，均存在应力值的降低，如 2011-7-23、2011-8-12、2011-8-18，尤其是 2011-8-12 当天的应力增量幅值达到 4 MPa，预示出强矿压显现的来临。

● 现场矿压显现表明，透水期间整个工作面支架普遍较低，煤壁片帮严重，其中 63♯ 到 105♯ 支架最低，选取 73♯ 和 103♯ 支架压力数据分析发现[图 7-8(b)]，透水发生之前，支架压力持续上升，并在 2011-8-12 前后达到最大，预示着基本顶断裂，工作面周期来压。

● 门式支架压力监测结果显示[图 7-8(c)～(e)]，2011-8-13 工作面顶板透水及大能量微震事件发生当天，离停采线 376 m、356 m 及 336 m 位置处的门式支架压力增量出现突变，且达到峰值点，表明 2011-8-13 当天顶板已发生断裂或断层活化形成动载作用于门式支架。

● 顶板离层监测结果表明[图 7-8(f)]，断层附近的顶板离层量从 2011-8-10 开始增加，直至 2011-8-13 达到最大，2011-8-13 当天工作面顶板出现严重透水，该处附近出现一次 7 次方大能量事件；此外，顶板离层量达到最大之前，其增量于 2011-8-11 当天出现突变，并达到峰值点，说明此时顶板在断层作用下出现断裂或离层下降。

综上所述，钻孔应力、支架压力、顶板离层监测等均能对断层型冲击矿压的发生做出不同程度的响应。

7.2.4 断层型冲击矿压的防治实践

由跃进煤矿采掘工程平面图（图 7-3 所示）可以看出，在 25 采区大采空和 F16 断层夹持赋存影响下，25110 工作面相当于一大尺度断层煤柱，因此，25110 工作面的整个掘进和回采无疑要承受巨大的断层煤柱静载，加上 F16

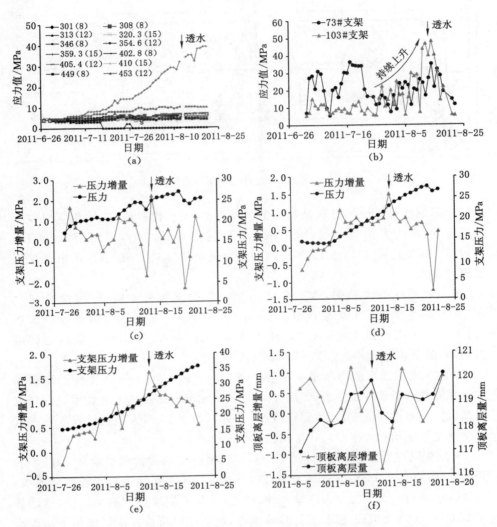

图 7-8　25110 工作面中部小断层冲击危险区域的多参量监测结果

（a）钻孔应力监测曲线；（b）支架压力监测曲线；

（c）离停采线 336 m 处门式支架压力曲线；（d）离停采线 356 m 处门式支架压力曲线；

（e）离停采线 376 m 处门式支架压力曲线；（f）离停采线 399 m 处顶板离层监测数据

断层以及工作面中部小断层局部变形活化时产生的动载,极易诱发断层型冲击矿压。由此主要从降低断层煤柱静载、增大煤岩体衰减系数间接降低动载,以及加强巷道支护和个人防护等方面防治 F16 断层型冲击矿压,具体包括如下几个方面:

（1）巷道错层位布置

考虑到 25090 工作面采空区特殊的赋存状态，设计将 25110 工作面上巷布置于采空区下方实体煤中，平面布置如图 7-4 所示，图中 AB 剖面如图 7-9 所示。研究表明[238]，临空区附近煤层及底板岩层中的垂直应力分布如图7-10 所示，由图可知，采空区下方巷道 B 的垂直应力约为 5 MPa，而按常规布置的巷道 A 所承受的垂直应力高达 50 MPa，比巷道 B 要承受的垂直应力高出 10 倍。很明显，图 7-9 所示的巷道错层位布置大大降低了巷道围岩所承载的静载应力。此外，巷道错层位布置方法还能有效利用采空区的松散特性，并将此作为巷道围岩的弱化带，从而有效削弱远处矿震动载的扰动作用，进而达到保护巷道的目的。

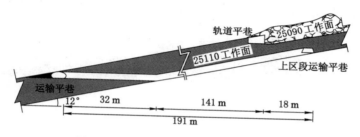

图 7-9　25110 工作面巷道错层位布置图

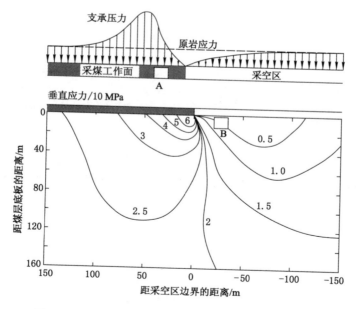

图 7-10　临空区附近煤层及底板岩层中的垂直应力分布

（2）煤体卸压孔、卸压炮

25110 工作面回采过程中煤体大直径卸压孔、卸压炮的整体布置原则为：与煤层注水、断顶炮、断底炮等卸压措施联合布置实施，始终保证超前工作面60～120 m 区域内处于卸压区；对于重点危险区域考虑加强卸压力度，如工作面中部小断层冲击危险区域。各阶段实施的煤体大直径卸压孔、卸压炮方案分别如图 7-11、图 7-12 所示，当中各方案对应的卸压参数分别见表 7-1 和表7-2。值得一提的是，工作面回采过中部小断层期间，上巷增设了大直径卸压孔措施。

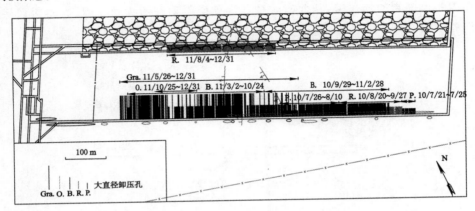

图 7-11　大直径卸压方案

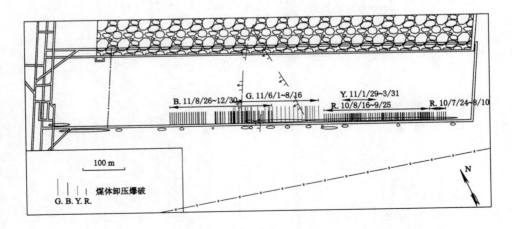

图 7-12　煤体卸压爆破方案

表 7-1   **大直径卸压参数**

大直径卸压参数	钻孔深度/m	钻孔直径/mm	实施日期及地点
P.	15	75	2010-07-21 至 2010-08-10,下巷
R.	20	75	2010-08-20 至 2010-09-27,下巷 2011-08-04 至 2011-12-31,上巷
B.	30	100	2010-09-29 至 2011-10-24,下巷
O.	35	113	2011-10-25 至 2011-12-31,下巷
Gra.	60	113	2011-05-26 至 2011-12-31,下巷

表 7-2   **煤体卸压爆破参数**

卸压爆破参数	钻孔深度/m	装药量/kg	实施日期及地点
R.	20	10.8	2010-07-24 至 2010-09-25,下巷
Y.	25	18	2011-01-29 至 2011-03-31,下巷
G.	40	36	2011-06-01 至 2011-08-16,下巷
B.	30	36	2011-08-26 至 2011-12-30,下巷

（3）煤层注水

遵循上述实施原则,回采过中部小断层期间,设计了如图 7-13 所示的煤层注水方案,即在常规的注水方案基础上(扇形斜线),于上下巷各增设 7 个注水孔(竖直线标示)。同时,各个注水孔采取循环多次注水,直到该区域内危险解除为止。

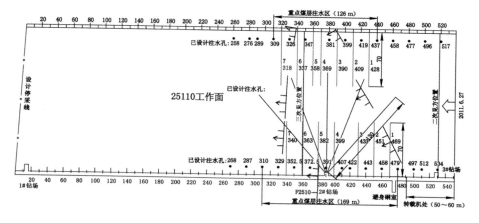

图 7-13 煤层注水方案

（4）巷道加强支护

增加巷道支护强度可向巷帮提供高的侧向约束，达到两种目的：提高煤柱的抗压强度和提高巷道的抗冲击能力。这样，煤柱不容易发生破坏，即使发生冲击破坏，也使大部分能量在传播过程中以损伤破裂煤岩体的形式得以释放。

由于 25110 工作面上巷采取错层位布置方法将其置于上区段采空区下方煤体中，此时巷道已充分卸压，而下巷布置在断层煤柱实体中，将承受高静载应力，这在工作面掘进过程中的冲击显现及微震分布规律上得到了充分体现。针对该实际情况，跃进煤矿在上巷采取了常规架设 12♯工字钢梯形单棚＋顶帮锚网的复合支护方式［如图 7-14(a)所示］，下巷由最初的一级锚网索支护变为锚网索＋充填结构及"O"形棚的二级支护方式，直到最后率先增加门式支架，形成锚网索＋充填结构及"O"形棚＋门式支架的三级支护方式［如图 7-14(b)所示］，三级支护位于下巷超前工作面 200 m 范围。

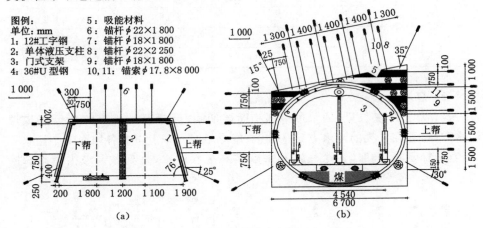

图 7-14 25110 工作面上下巷支护设计参数

(a) 上巷支护参数；(b) 下巷支护参数

（5）防护措施

此外，对于一些不可避免的冲击矿压灾害，跃进煤矿通过采取巷道软包、人员穿戴防冲服和防冲帽、物料捆绑等防护措施（如图 7-15 所示）有效降低了冲击弹射物威胁现场人员安全，以及冲击波将工作人员抛至巷道时造成的伤害。

（6）防冲效果

如图 7-16 所示为 25110 工作面巷道冲击破坏情况现场实拍图，图中显示，1月 19 日冲击释放能量 1.12×10^4 J，造成锚网索大量破坏，煤岩体向巷道空间大量抛出，巷道严重变形，局部区段巷道几乎闭合；8 月 11 日冲击释放能量 $9 \times$

图 7-15　防护措施
（a）巷道软包；（b）防冲服；（c）物料捆绑

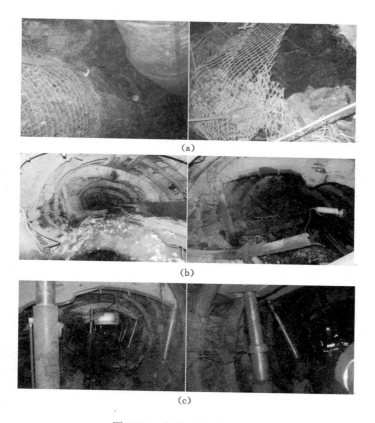

图 7-16　巷道冲击破坏情况
（a）2010 年 1 月 19 日冲击；（b）2010 年 8 月 11 日冲击；（c）2011 年 3 月 1 日冲击

10^7 J,造成锚网索破坏、部分"O"形棚失效,少量煤岩体抛向巷道空间,巷道变形不严重;3 月 1 日冲击释放能量 $1.45×10^8$ J,造成门式支架轻微损坏,巷道几乎不变形,对生产不造成影响。

对比图 7-16(a)、(b)、(c)可以看出,3 次冲击释放的能量一次比一次高,但冲击造成的破坏一次比一次小,说明提高巷道支护强度能显著降低冲击矿压灾害。

针对 25110 工作面掘进末期和回采初期冲击矿压发生的严峻形势,跃进煤矿于 2011 年 8 月期间对爆破卸压和大直径钻孔卸压参数进行了优化(见表 7-1 和表 7-2):爆破卸压孔深和装药量由 20 m、10.8 kg 变为 25 m、18 kg;大直径卸压孔深和孔径由 20 m、75 mm 变为 30 m、100 mm。优化前后的冲击破坏情况如图 7-16(b)和(c)所示,对比可以看出,爆破卸压和大直径卸压参数优化后,冲击矿压造成的巷道破坏情况明显改善,表明爆破卸压和大直径钻孔卸压可用于断层型冲击矿压的治理。最终,25110 工作面于 2013 年 1 月顺利安全回采。

7.3 甘肃宝积山煤矿

7.3.1 矿井工作面概况

甘肃宝积山煤矿 705 综放工作面位于矿井东翼,地面标高在 1 614～1 620 m 之间,平均开采深度达 590 m 左右,其上部的 703、701 工作面已开采结束,下部为 707 工作面原始煤层。该工作面位于 1090 开采水平,上以 703 工作面隔离煤柱为界,下为 707 工作面原始煤层,东为井田可采边界,西为 1132 暗斜井保安煤柱(最小留设 50 m),其采掘工程平面如图 7-17 所示。705 工作面回风巷长 665 m,运输巷长 680 m,平均可采走向 640 m,倾斜长 75～91 m,平均 81 m,工作面坡度 8°～43°,平均倾角 26°,工业储量 94.6 万 t,可采煤量 78 万 t。

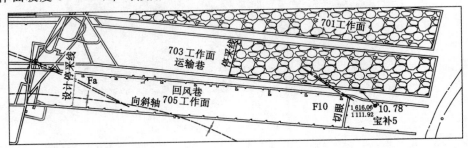

图 7-17 705 综放工作面采掘工程平面图

该工作面煤层顶底板岩性柱状参见宝补 5 钻孔,如图 7-18 所示,即煤层

柱状 1:200	厚度 /m	真厚 /m	岩石 名称	岩性描述
	16.83	13.79	砾砂岩	灰白色,主要成分为石英长石,砾径一般为2~4 mm,最大6 mm,含粉砂岩包体,坚硬。该层在本区较为稳定,是标志层之一
	34.78	28.49	泥岩	顶部以紫红色为主,向下为红、黄、绿杂色,488.78~496.93 m处岩层破碎,具有明显擦痕,痕面光滑,向下497 m处为1 m黑色细砂岩,破碎,整层泥岩均具滑感,局部含铝质
	4.35	3.56	铝质泥岩	上部淡黄色,下部深灰色为主,团块状,局部含有少量粉砂岩,具滑面,有滑感,铝物质含量较高
	5.04	4.13	炭质泥岩	灰—深灰—黑色,致密,含炭量较高,为煤层顶板
	13.16	10.78	煤层	黑色,块状,局部为粉沫状,以光亮型煤为主,次为暗淡型,阶梯状断口,沫煤为鳞片状。测井顶底板深度为493.5~506.5 m,厚度为13 m,煤层底板标高1 111.917 m,综合采用测井资料
	4.44	3.64	细砂岩	灰白色,以石英为主,长石为次,含白云母碎片,局部含砾,裂隙较发育,坚硬
	4.32	3.52	粉砂岩	灰绿色,中间有约0.3 m泥岩,层面铝质渲染
	2.00	1.64	细砂岩	灰白色,以石英为主,分选好,坚硬

图 7-18　宝补 5 钻孔柱状

伪顶为高碳质泥岩,直接顶为粉砂岩、泥岩层,随采随冒。该煤层为一南西倾斜的单斜构造,无陷落柱、火成岩侵入体的影响。煤层由于受同期古河床的冲刷及沉积基底不平的影响,顶、底板局部起伏变化较大。0.5~2 m落差的小断层较为发育,其中 F10 断层处于切眼以东,落差较大,开切眼布置在断层以西,根据第 2 章介绍的断层型冲击矿压动静载叠加作用机理,回采初期工作面远离该断层开采时将受到一定的威胁,后期这种威胁逐渐减小,甚至消失;西部 Fa 断层几乎贯穿整个工作面,对回采影响较大。具体 Fa 和 F10 断层赋存参数见表 7-3。

表 7-3   **705 工作面地质构造情况**

构造名称	性质	走向	倾向	倾角	落差	对回采的影响程度
Fa	正断层	NW	97°～112°	73°	7 m	较大
F10	正断层	NE	260°	73°	5～7 m	较大
总体构造情况	在该工作面内,由于沉积基底不平影响,落差不大于 2 m、倾向 SW 的阶梯状构造较为发育					

7.3.2 冲击矿压概况及其主控影响因素分析

截至 2013 年 11 月 1 日,705 工作面已发生规模较大的冲击矿压有 5 次,见表 7-4,其发生位置及当天工作面位置如图 7-19 所示。分析冲击原因发现,705 工作面冲击矿压的主控因素包括 Fa 断层、F10 断层和 703 工作面停采线遗留煤柱。其中,F10 断层的影响主要体现在工作面回采初期,比较典型的是"2013-7-18"冲击事故,这与第 2 章介绍的远离断层开采时断层型冲击矿压的动静载作用机理推测一致。

表 7-4   **705 工作面冲击矿压显现记录**

序号	发生时间	发生地点	情况概述	原因分析
1	2013-7-18	705 工作面回风巷	回风巷距开帮线以外 17～70 m 范围内发生矿压显现,造成该段巷道严重底鼓、帮鼓,致使人员受伤	该区域位于工作面一次见方位置,顶板在 F10 断层切割作用下出现大面积来压活动
2	2013-9-10 23:00	705 工作面回风巷	5#、6# 钻场 40 m 段底鼓 100～200 mm,轨道倾向顶板侧最大偏移 100 mm,一根锚索拉断	该区域上部对应 703 工作面停采线,平面距离 10～50 m。705 回风与 703 运槽间留设煤柱平距 14 m,斜距 38 m,煤柱应力集中
3	2013-9-16 15:47	705 工作面	圆弧段支架有抖动现象,震感较为明显;回风 6# 高位钻场及运槽带式输送机尾段轻微晃动,部分浆皮掉落;地面有震感	来压时工作面推进 126 m,距"7.18"事故采帮线 61 m。随工作面推进,采空区上覆岩层活动加剧,大面积垮落、断裂诱发来压

序号	发生时间	发生地点	情况概述	原因分析
4	2013-10-7 17:40	705工作面回风巷	7#钻场外帮以外2～9 m段顶板侧肩部吊包,个别铰顶方木折断;5#高位钻场口以上4 m处吊包,煤爆声巨大	该区域上部对应703工作面停采线,平面距离10～50 m。705回风与703运槽间留设煤柱平距14 m,斜距38 m,煤柱应力集中。工作面停产后恢复生产时引起的顶板剧烈活动
5	2013-10-19 01:40	705工作面回风巷	1#、2#钻场段底鼓200 mm,轨道偏移200 mm,顶板侧肩部形成4个吊包,个别锚杆拉断	704工作面停采遗留煤柱、Fa断层、松软泥岩顶板以及巷道破顶板过断层引起的巷道坡度影响

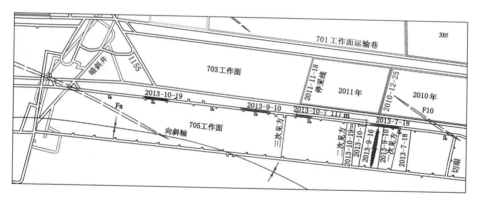

图7-19　冲击矿压显现及其对应的工作面位置

7.3.3　监测与防治应用技术体系

宝积山煤矿的冲击矿压监测手段仅包括钻屑监测和矿压监测,治理手段仅包括大直径钻孔、煤体爆破及注水卸压。因此,如何最大限度地发挥钻屑和矿压联合监测优势,以及煤体大直径、爆破和注水的联合卸压优势,成了现场技术方案制定的重点。另外,由于封孔深度不够,现场注水效果往往不佳,同时顶板和斜上布置的注水孔与高位瓦斯抽放孔、顺层注水孔与钻屑预测孔串孔的现象严重,这不仅影响了煤层注水卸压及瓦斯抽放的效果,还导致钻屑监测数据的失效。

鉴于此,基于断层型冲击矿压的动静载叠加诱发原理,建立了适用于宝积山煤矿冲击矿压的监测与防治技术体系,如图 7-20 所示。

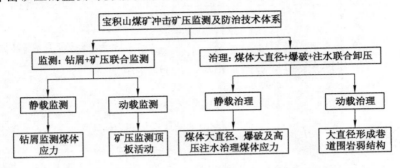

图 7-20　宝积山煤矿冲击矿压监测与防治技术体系

7.3.4　实施与效果

"2013-7-18"冲击事故后,为了获知 705 工作面回风巷的整体应力分布情况,设计了如图 7-21 所示的钻屑监测方案,其监测结果如图 7-22 所示,从图中可以看出,705 工作面回风巷至 704 停采线位置存在 5 处高应力区:703 工作面停采遗留煤柱区、704 工作面停采遗留煤柱区、Fa 断层影响区(4♯测点附近,即巷道变坡点)、1♯钻场位置和 2♯钻场位置(巷道变坡点),其中 703 和 704 工作面停采线遗留煤柱影响范围为 50 m。

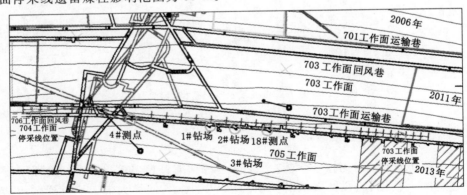

图 7-21　705 工作面回风巷钻屑监测方案

另外,具体分析 0~210 m 区域的钻屑量数据发现(如图 7-23 所示),该区域存在三个明显的应力特征分布区:采空区侧应力降低区、煤柱应力集中区和原始应力区,其中煤柱应力集中区的分布范围为 50 m。选取原始应力区(0~120 m)

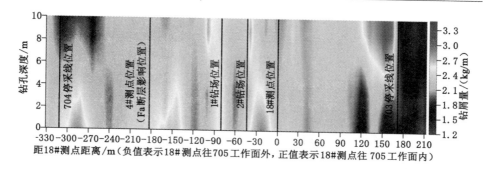

图 7-22　705 工作面回风巷钻屑监测结果

的煤粉量计算获得 705 工作面回风巷的正常煤粉量分布曲线,如图 7-24 所示,并进一步获得钻屑监测的临界指标值为:钻孔深度 1~5 m 处为 3.1 kg/m,6~10 m 处为 4.4 kg/m。

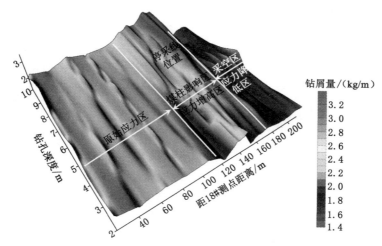

图 7-23　单位钻屑量空间分布曲面图

如图 7-25 所示为 705 工作面回采期间 6 月 26 日至 10 月 30 日的矿压分布图,从图中可以看出,7 月 18 日后,工作面大面积来压,说明工作面在 7 月 18 日已进入一次见方影响区,进一步说明该次冲击由断层对顶板的弱化作用引起基本顶大面积活动引起;9 月 16 日工作面所有支架压力增大,说明当天工作面整体来压,可认为顶板周期来压;10 月 7 日前后各 6 d,工作面中部支架均处于高压力状态,其中前 6 d 工作面停产,后 6 d 在工作面恢复生产的开采扰动下,工作面中部支架压力继续保持高压力状态,说明工作面停产为这次

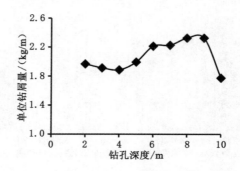

图 7-24　正常煤粉量平均值随钻孔深度的变化

动力显现的主要因素；9 月 10 日前后工作面上部来压；10 月 19 日的矿压数据无明显异常，说明这次的动力显现与顶板的活动性无关。因此，采用矿压监测顶板的活动性是可行的，可作为下一阶段工作面回采过 Fa 断层冲击危险区的有效监测手段。

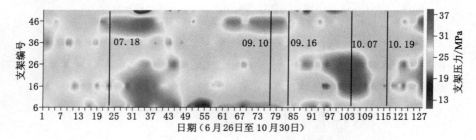

图 7-25　705 工作面矿压监测结果

　　由钻屑监测结果（图 7-22）、"2013-10-19" 冲击显现（表 7-4 和图 7-19），以及现场 Fa 断层区域多次冲击显现和巷道变形情况表明，Fa 断层区域应力集中、巷道变形严重，在采掘扰动作用下极易诱发断层型冲击矿压，这与现场 705 工作面回采末期临近 Fa 断层时钻屑量持续超标以及支架压力值明显偏高的监测结果一致。鉴于此，宝积山煤矿在工作面回采过 Fa 断层期间，提前在工作面前方采用大直径＋高压注水联合卸压方案，如图 7-26（a）所示。另外，对于 705 工作面回风巷破顶板过 Fa 断层的巷道下坡段，还需额外采用煤体卸压爆破进行底板预卸压处理，实施方案如图 7-26（b）所示，其中爆破参数为：孔径 42～50 mm，孔深 15 m，间距 10 m，单孔装药量 3 kg，正向装药，封孔长度不小于 5 m，采用水泡泥封孔；起爆与爆破方式：实施爆破时，采用毫秒雷管分组爆破，每次 3～5 个孔同时起爆。目前，705 工作面已顺利安全回采。

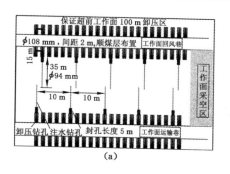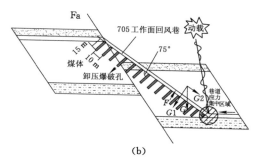

图 7-26 705 工作面临近 Fa 断层开采时的卸压方案

(a) 煤体大直径＋高压注水联合卸压方案；

(b) 巷道破顶过断层下坡段卸压措施方案

7.4 本 章 小 结

基于断层型冲击矿压的动静载叠加诱发原理,总结了断层型冲击矿压的监测与防治思路,并具体针对河南义马跃进煤矿和甘肃宝积山煤矿特殊的地质与开采技术条件,开展了断层型冲击矿压的监测与防治技术应用,效果明显,小结如下:

(1) 针对河南义马跃进煤矿,在统计分析历次冲击显现特征及其主控因素的基础上,建立了专门针对 F16 逆冲大断层和 25110 工作面中部小断层区域的冲击矿压监测与防治技术体系:在监测方面,采用微震多参量时空监测预警指标体系监测 F16 断层和工作面中部小断层的冲击前兆信息,同时在小断层冲击危险区域还增设了钻孔应力、顶板离层、门式支架压力、工作面支架压力等手段用于监测回采期间小断层活动的前兆信息;在防治方面,采用巷道错层位布置、煤体大直径钻孔、注水、爆破、断顶断底、加强支护、人员防护等措施联合防治 25110 工作面回采期间的断层型冲击矿压。

(2) 针对甘肃宝积山煤矿,首先分析了 705 工作面回采以来 5 次规模较大的冲击事件,并重点分析了工作面远离断层开采时发生的"2013-7-18"冲击矿压事故,为工作面远离断层开采时断层型冲击矿压的动静载作用机理提供了现场依据;其次,结合现场实际情况建立了适用于宝积山煤矿 Fa 断层区域的冲击矿压监测与防治技术体系,即钻屑＋矿压联合监测和煤体大直径＋爆破＋注水联合卸压。

8　结论与展望

8.1　研究结论

本书针对断层型冲击矿压机理、监测及防治这一技术难题，综合采用理论分析、数值仿真、物理力学试验、相似模拟试验、数值试验与工程实践等手段，对断层型冲击矿压的动静载叠加诱发原理、多尺度前兆信息识别、微震多参量时空监测预警，以及其监测与防治工程实践的理论与技术进行了系统研究，取得了如下主要成果与结论：

（1）静载作用下断面试样的宏观破裂及物理力学特征与断层特征参数密切相关

基于 MTS 电液伺服材料实验机平台，研究了静载作用下断面不同粗糙度、不同倾角、不同围岩强度物理力学试验过程中的宏观破裂显现、力学响应、位移响应、声发射响应特征。试验结果表明，断面粗糙度越大，断面试样的应力应变和声发射累计撞击曲线越陡，损伤越剧烈；随着断面倾角的减小，试样的宏观破裂形式由少量的单一劈裂发展到大量劈裂贯穿、甚至整体溃崩或冲击破坏，声发射事件分布由简单的沿断面集中展布到沿断面呈椭球体扩散，甚至"内爆"式分布；断层围岩强度越大，应力应变曲线越陡，声发射的活动性及强度均越大；数字照相量测结果显示，断层两盘之间形成明显的剪切带，剪切带上的应变数值呈非均匀分布，并存在明显的应变集中区；断面物理力学试验过程中还产生黏滑震荡、等效劈裂等破坏现象。

（2）动载作用下断层活化的本质在于超低摩擦效应的存在

基于自主研发的冲击力可控式冲击矿压物理相似模拟平台，研究了动载应力波作用下断层面的破裂滑移显现、力学响应及声发射响应特征。试验结果表明，动载作用下断层活化滑移的本质是通过改变断层应力状态，尤其是显著降低断层正应力数值甚至改变其作用方向，使得断层上下盘岩层间相对压紧程度降低，甚至由最初的压应力状态变为拉应力状态，从而使得断层在某一时刻产生超低摩擦效应；动载作用下断层围岩的声发射幅值和计数随时间呈指数衰减，出现类似于地震上的"主震—余震"现象,同时动载作用不仅可以引起特殊形式的煤岩体破裂和断层滑移震动信号,如主频多峰特征,还可以诱发类似采动引起的煤岩体破裂震动信号。

(3) 提出了断层型冲击矿压的动静载叠加作用机理

以断层为研究对象,分析断层活化型断层型冲击矿压表明:静载作用下的断层活化存在上行和下行解锁两种形式,并与断层摩擦角、倾角以及侧压系数有关;动载作用下的断层容易在某一时刻产生超低摩擦效应,并且最小主应力方向的动载应力波扰动作用比最大主应力方向更为显著,不仅更容易改变断层的受力状态及其活动进程触发断层滑移失稳,而且还可触发比预期应力降更大的错动;实测资料显示,断层在纯静载作用下一般处于非活化闭锁状态,造成断层活化型断层型冲击矿压的力学作用机制是静载作用下断层围岩的等效劈裂破坏和动载作用下断层面超低摩擦效应下的断层活化。

以断层区域的顶板为研究对象,分析顶板破断失稳型断层型冲击矿压表明:由于断层的存在,顶板的承载能力大大削弱,并且上盘开采时的顶板承载能力要强于下盘开采,表明工作面在断层下盘开采时的顶板在断层切割作用下更容易破断,即下盘开采时的冲击矿压危险要高于在上盘开采;同时顶板变形破断过程中产生的"反弹"和"压缩"效应以及动载应力波对断层应力状态的改变也产生影响。

以断层、顶板、煤柱三对象为研究整体,分析煤柱破坏型断层型冲击矿压表明:顶板砌体梁结构动静载作用下的断层煤柱应力分析包括砌体梁结构存在时回转前和回转后以及砌体梁结构不存在时回转前和回转后四种情况,其中砌体梁结构存在时回转前断层煤柱上的应力水平最高,极限可达7.93倍的单轴抗压强度,已足够使煤柱瞬间发生失稳破坏,并且该应力值随着煤柱的减小增加最快,其余三种情况应力明显较低,对防冲有利。

综上所述,可提出"一扰动,两载荷,三对象"的断层型冲击矿压动静载叠加作用机理,指出断层带附近的冲击矿压是煤矿采掘活动扰动引起,是由断层煤柱高静载和断层活化动载叠加诱发,其中断层煤柱高静载是由断层煤柱静载应力与采动应力叠加形成,断层活化动载可分别由以采动应力为主和以矿震动载为主的两种形式引起。

(4) 多尺度前兆信息的存在揭示出微震监测预警断层型冲击矿压的可行性

建立了非均质应变损伤软化本构模型,开展了非均质煤岩材料的声发射数值试验,揭示出非均匀性是煤岩体破坏前兆的根源;随着煤岩材料均质程度的增大,煤岩的变形破坏模式由塑性流动逐渐变为脆性破坏,破坏类型由杂乱无章的拉剪混合破坏—主震—余震型和主震型。

小尺度标准岩样的声发射实验表明,声发射(微震)事件在空间上沿断层面集中分布,呈成丛成条带分布特征,是断层型冲击矿压发生的一个前兆信息;中尺度断层相似模型试验表明,静载作用下的断层活化前兆是声发射能量及频次在断层滑移失稳附近达到最大,动载作用下的断层活化信号是其尾波发育呈震荡特性,波形中间位置出现"倒三角地堑"张开现象,且整体上呈现出多个周期扰动,频率分布范围为 $0\sim200$ kHz,主频呈多峰特性,其幅值变化呈幂指数衰减分布模式,分形维数为 $0.83\sim0.86$;大尺度矿山开采的微震监测表明,矿震分布包络线沿采场断面呈拱形分布,沿巷道断面呈类似圆形分布,与采掘空间围岩的破裂及应力分布形态一致,说明微震能有效监测井下围岩微破裂,进一步结合冲击矿压存在前兆的力学基础,可揭示出微震监测预警断层型冲击矿压的可行性。

(5) 提出了断层型冲击矿压的微震多参量时空监测预警体系

以断层型冲击矿压前兆存在的力学基础为指导,综合考虑多尺度条件下的声发射和微震多参量前兆信息,构建了"一中心,四变化,五指标"的微震多参量时空监测预警体系指导思想:以断层型冲击矿压存在前兆的根源——煤岩材料的非均质性为中心,监测内因——煤岩变形的局部化,如综合考虑微震时、空、强三要素的微震活动性多维信息指标;监测外因——周围环境介质信息变化,如描述煤岩体内地球物理场变化的震动波速度层析成像指标;监测损伤与能量释放的周期变化,如描述变形能积聚、损伤消耗与释放过程的冲击变形能指标,以及捕捉微破裂事件时空强演化从无序到有序的非线性混沌、分形特征的维数、b 值指标等;监测震源机制变化,如波形信息指标——矩张量、频谱等。

(6) 监测与防治工程实践证实了断层型冲击矿压动静载叠加诱发原理的科学性

基于断层型冲击矿压的动静载叠加诱发原理,总结了断层型冲击矿压的监测与防治思路。

针对河南义马跃进煤矿,建立了专门针对 F16 逆冲大断层和 25110 工作面中部小断层区域的冲击矿压监测与防治体系。监测方面,采用微震多参量时空监测预警指标监测 F16 断层和工作面中部小断层的冲击前兆信息,同时在小断层冲击危险区域还增设了钻孔应力、顶板离层、门式支架压力、工作面支架压力等手段用于监测回采期间小断层活动的前兆信息;防治方面,采用巷道错层位布置、煤体大直径钻孔、注水、爆破、断顶断底、加强支护、人员防护等措施联合防治 25110 工作面回采期间的断层冲击危险。针对甘肃宝积山煤矿,结合现场实际情况建立了适用于宝积山煤矿 Fa 断层冲击危险区域的冲击矿压监测与防治体系,即钻屑＋矿压联合监测和煤体大直径＋爆破＋注水联合卸压。

实践表明,断层型冲击矿压的监测与防治效果明显,验证了断层型冲击矿压动静载叠加诱发原理及其微震多参量时空监测预警理论的有效性。

8.2　创　新　点

（1）提出了断层型冲击矿压是由断层煤柱高静载和断层活化动载叠加诱发，揭示出断层煤柱高静载是由断层、顶板结构双重作用导致，断层活化动载是由静载为主的局部解锁、等效劈裂破坏和动载为主的超低摩擦效应组成。

（2）建立了非均质应变损伤软化本构模型，揭示出非均质性是煤岩破坏前兆存在的根源，开展了煤柱静载的完整岩样试验，以及断层活化静载效应的断面岩样试验和动载效应的断层相似模拟试验，辨识出断层型冲击矿压的多尺度前兆规律。

（3）提出了以冲击变形能指数、空间集中度等为主的断层型冲击矿压时序预警指标，以及以震动波速度层析成像、冲击变形能积聚速率等为主的空间预警指标。

8.3　研　究　展　望

本书针对断层型冲击矿压的动静载叠加诱发原理及其监测预警这一课题开展了理论分析、静载物理力学与动载相似模型试验、数值仿真与模拟试验、工程实践等工作，对于断层型冲击矿压的动静载叠加诱发原理、多尺度前兆信息识别和微震多参量时空监测预警3大关键科学问题给出了一定的解答和补充，但由于这一课题涉及深部岩石静力学和动力学这一复杂领域，本书中相关研究成果均给定了特定的适用条件，今后仍需对以下内容开展进一步研究：

（1）断层型冲击矿压动静载叠加诱发原理的三维数值模拟研究。出于"开采活动如何引起断层活化"和"断层活化又如何影响工作面围岩应力状态"两大课题已开展了大量三维数值模拟研究，因此本书中关于这部分研究直接参照了已有的相关研究成果，然而，当前研究大部分仍局限在静力学研究的范畴，断层本构模型也限制在商业模拟软件自身给定的本构，如 FLAC 中的接触面本构关系，这一本构模型最大的缺点之一就是忽略了断层面力学属性应呈非均匀分布这一特性，因此，在今后的研究中应进一步开展考虑动力学效应、断层面非均匀本构特性、声发射响应等方面的研究。

（2）断层型冲击矿压动静载叠加诱发原理的物理力学试验研究。本书关于断层活化的研究虽然在数值仿真上考虑了动静组合叠加的效应，但是在物理力学试验研究方面仅考虑了单轴静载效应，在今后的研究中应深入研究真三轴试验中不同方向动载作用对断层活化的影响；另外，本书中采用沙子模拟断层面的不同摩擦系数是否完全贴切？真实的断层接触面本构模型的影响因素有哪些？如何建立等一系列问题仍需今后进一步研究。

（3）断层型冲击矿压动静载叠加诱发原理的相似模拟研究。本书关于动载作用下断层活化的相似试验考虑的是断层区域巷道开挖时巷道与断层之间煤柱上形成的动载应力波对断层稳定性的影响，然而巷道实体煤侧产生的动载又是如何影响断层稳定性，以及断层区域大采空条件下顶板、断层煤柱、实体煤等位置产生的动载对断层是如何影响等问题值得深入研究；此外，本书中模拟的动载源为张拉破坏类型，对模拟采空区顶板瞬间拉断形成的动载有着一定的相似性，然而，现场还存在其他诸如剪切破坏的动载源，这些破坏类型的动载源又是如何模拟在今后的研究中也值得进一步探讨。

（4）断层型冲击矿压的微震多参量时空监测预警研究。本书中采用的矿震（被动）震动波速度层析成像方法，其反演精度较小以及速度反演参数在某些特殊地质或应力异常的有效识别性能上还存在一定的差距，在今后的研究中，可联合主动层析成像技术与衰减层析成像技术，进一步获得更高精度的反演结果，进而为煤矿开采提供更安全、更高效的生产环境。

参 考 文 献

[1] 何满潮,谢和平,彭苏萍,等. 深部开采岩体力学研究[J]. 岩石力学与工程学报,2005,24(16):2803-2813.

[2] 何江. 煤矿采动动载对煤岩体的作用及诱冲机理研究[D]. 徐州:中国矿业大学,2013.

[3] 姜耀东,潘一山,姜福兴,等. 我国煤炭开采中的冲击地压机理和防治[J]. 煤炭学报,2014,39(2):205-213.

[4] 窦林名,何学秋. 冲击矿压防治理论与技术[M]. 徐州:中国矿业大学出版社,2001.

[5] BRAUNER G. Rockbursts in coal mines and their prevention[M]. Rotterdam:Balkema, 1994.

[6] 辽宁煤矿安全监察局. 阜新矿业集团恒大煤业公司"11.26"重大事故已造成 28 人死亡[EB/OL]. (2014-12-05)[2017-06-10]. http://www.lnmj.gov.cn/sgkb/201412/t20141205_1496836.html.

[7] 国家安全生产监督管理总局. 河南义马千秋煤矿发生冲击地压事故造成 10 人死亡[EB/OL]. (2011-11-07)[2017-06-10]. http://www.chinasafety.gov.cn/newpage/Contents/Channel_4314/2011/1104/154898/content_154898.htm.

[8] 黑龙江煤矿安全监察局. 关于峻德煤矿"3.15"较大冲击地压事故调查处理意见的批复[EB/OL]. (2013-06-19)[2017-06-10]. http://www.hljmkaj.gov.cn/a/shiguchachu/diaochachuli/2013/0619/7638.html.

[9] 布霍依诺 G. 矿山压力和冲击地压[M]. 北京:煤炭工业出版社,1985.

[10] 阿维尔申. 冲击地压[M]. 北京:煤炭工业出版社,1959.

[11] 齐庆新,窦林名. 冲击地压理论与技术[M]. 徐州:中国矿业大学出版社,2008.

[12] 潘一山. 冲击地压发生和破坏过程研究[D]. 北京:清华大学,1999.

[13] 吕进国. 巨厚坚硬顶板条件下逆断层对冲击地压作用机制研究[D]. 北京:中国矿业大学(北京),2013.

[14] 李志华. 采动影响下断层滑移诱发煤岩冲击机理研究[D]. 徐州：中国矿业大学,2009.

[15] CAI W, DOU L M, LI Z L, et al. Mechanical initiation and propagation mechanism of a thrust fault：A case study of the Yima section of the Xiashi-Yima thrust (north side of the eastern Qinling orogen, China)[J]. Rock Mechanics and Rock Engineering, 2014, DOI：10.1007/s00603-014-0666-x.

[16] CAI W, DOU L M, HE J, et al. Mechanical genesis of Henan (China) Yima thrust nappe structure[J]. Journal of Central South University, 2014, 21：2857-2865.

[17] 潘一山,王来贵,章梦涛,等. 断层冲击地压发生的理论与试验研究[J]. 岩石力学与工程学报,1998,17(6):642-649.

[18] LI Z L, DOU L M, CAI W, et al. Investigation and analysis of the rock burst mechanism induced within fault-pillars[J]. International Journal of Rock Mechanics and Mining Sciences, 2014, 70：192-200.

[19] 吕进国,姜耀东,李守国,等. 巨厚坚硬顶板条件下断层诱冲特征及机制[J]. 煤炭学报,2014,39(10):1961-1969.

[20] 王涛. 断层活化诱发煤岩冲击失稳的机理研究[D]. 北京:中国矿业大学(北京),2012.

[21] 孙吉主,唐春安. 断层地震孕震的椭圆形区域及其前兆规律[J]. 地震,1996,16(4):355-362.

[22] 殷有泉,郑顾团. 断层地震的尖角型突变模型[J]. 地球物理学报,1988,31(6):657-663.

[23] BRACE W F, BYERLEE J D. Stick-slip as a mechanism for earthquakes[J]. Science, 1966, 153：990-992.

[24] 窦林名,赵从国,杨思光. 煤矿开采冲击矿压灾害防治[M]. 徐州:中国矿业大学出版社,2006.

[25] 赵本均. 冲击矿压及防治[M]. 北京:煤炭工业出版社,1995.

[26] 潘立友,钟亚平. 深井冲击地压及其防治[M]. 北京:煤炭工业出版社,1997.

[27] COOK N G W. The failure of rock[J]. International Journal of Rock Mechanics and Mining Sciences & Geomechanics Abstracts, 1965, 2：389-403.

[28] COOK N G W. A note on rockbursts considered as a problem of sta-

bility[J]. Journal of the Southern African Institute of Mining and Metallurgy, 1965, 65: 437-446.

[29] LINKQV A M. Rockbursts and the instability of rock masses[J]. International Journal of Rock Mechanics and Mining Sciences & Geomechanics Abstracts, 1996, 33: 727-732.

[30] WAWERSIK W K, FAIRHURST C A. A study of brittle rock fracture in laboratory compression experiments[J]. International Journal of Rock Mechanics and Mining Sciences & Geomechanics Abstracts, 1970, 7: 561-575.

[31] HUDSON J A, CROUSH S L, FAIRHURST C. Soft, stiff, and servo-controlled testing machines: a review with reference to rock failure[J]. Engineering Geology, 1972, 6: 155-189.

[32] COOK N G W, HOEK E, PRETORIUS J P G, et al. Rock mechanics applied to the study of rockbursts[J]. Journal of the Southern African Institute of Mining and Metallurgy, 1966, 66: 435-528.

[33] PETUKHOV I M, LINKOV A M. The theory of rockbursts and outbursts[M]. Moscow: Nedra, 1983.

[34] BIENIAWSKI Z T, DENKHAUS H G, VOGLER U W. Failure of fracture rock[J]. International Journal of Rock Mechanics and Mining Sciences & Geomechanics Abstracts, 1969, 6: 323-341.

[35] BIENIAWSKI Z T. Mechanism of brittle fracture of rocks. Part I, II and III[J]. International Journal of Rock Mechanics and Mining Sciences & Geomechanics Abstracts, 1967, 6: 395-430.

[36] 中华人民共和国国家质量监督总局,中国国家标准化管理委员会. 冲击地压测定、监测与防治方法:第2部分:煤的冲击倾向性分类及指数的测定方法 GB/T 25217.2—2010[S]. 北京:中国标准出版社,2010.

[37] 潘一山,耿琳,李忠华. 煤层冲击倾向性与危险性评价指标研究[J]. 煤炭学报,2010,35(12):1975-1978.

[38] 齐庆新,彭永伟,李宏艳,等. 煤岩冲击倾向性研究[J]. 岩石力学与工程学报,2011,30(S1):2736-2742.

[39] 蔡武,窦林名,韩荣军,等. 基于损伤统计本构模型的煤层冲击倾向性研究[J]. 煤炭学报,2011,36(S2):346-352.

[40] 姚精明,闫永业,李生舟,等. 煤层冲击倾向性评价损伤指标[J]. 煤炭学报,2011,36(S2):353-357.

[41] 李玉生. 冲击地压机理及其初步应用[J]. 中国矿业学院学报,1985,(3):37-43.

[42] 章梦涛. 冲击地压失稳理论与数值模拟计算[J]. 岩石力学与工程学报,1987(3):197-204.

[43] 章梦涛,徐曾和,潘一山. 冲击地压和突出的统一失稳理论[J]. 煤炭学报,1991(4):48-53.

[44] 齐庆新,刘天泉,史元伟. 冲击地压的摩擦滑动失稳机理[J]. 矿山压力与顶板管理,1995(3-4):174-177.

[45] 李新元. "围岩—煤体"系统失稳破坏及冲击地压预测的探讨[J]. 中国矿业大学学报,2000,29(6):633-636.

[46] 尹光志,李贺,鲜学福,等. 煤岩体失稳的突变理论模型[J]. 重庆大学学报,1994(1):23-28.

[47] 张玉祥,陆士良. 矿井动力现象的突变机理及控制研究[J]. 岩土力学,1997,18(1):88-92.

[48] 潘一山,章梦涛. 用突变理论分析冲击发生的物理过程[J]. 阜新矿业学院学报,1992(1):12-18.

[49] 潘一山,章梦涛. 硐室岩爆的尖角型突变模型[J]. 应用数学和力学,1994,15(10):893-900.

[50] 徐曾和,徐小荷,唐春安. 坚硬顶板下煤柱岩爆的尖点突变理论分析[J]. 煤炭学报,1995,20(5):485-491.

[51] 潘岳,刘英,顾善发. 矿井断层冲击地压的折迭突变模型[J]. 岩石力学与工程学报,2001,20(1):43-48.

[52] 高明仕,窦林名,张农,等. 煤(矿)柱失稳冲击破坏的突变模型及其应用[J]. 中国矿业大学学报,2005,34(4):433-437.

[53] 张黎明,王在泉,张晓娟,等. 岩体动力失稳的折迭突变模型[J]. 岩土工程学报,2009,31(4):552-557.

[54] 谢和平,PARISEAU W G. 岩爆的分形特征和机理[J]. 岩石力学与工程学报,1993,12(1):28-37.

[55] 李廷芥,王耀辉,张梅英,等. 岩石裂纹的分形特性及岩爆机理研究[J]. 岩石力学与工程学报,2000(1):6-10.

[56] 李玉,黄梅,张连城,等. 冲击地压防治中的分数维[J]. 岩土力学,1994(4):34-38.

[57] 李玉,黄梅,廖国华. 冲击地压发生前微震活动时空变化的分形特征[J]. 北京科技大学学报,1995(1):10-13.

[58] 窦林名,何学秋. 煤岩冲击破坏模型及声电前兆判据研究[J]. 中国矿业大学学报,2004,33(5):504-508.

[59] 李志华,窦林名,曹安业,等. 采动影响下断层滑移诱发煤岩冲击机理[J]. 煤炭学报,2011,36(S1):69-73.

[60] 潘立友. 冲击地压前兆信息的可识别性研究及应用[D]. 青岛:山东科技大学,2003.

[61] VARDOULAKIS I. Rock bursting as a surface instability phenomenon[J]. International Journal of Rock Mechanics and Mining Sciences & Geomechanics Abstracts, 1984, 21: 137-144.

[62] DYSKIN A V. Model of rockburst caused by crack growing near free surface[C]//Rockbursts and seismicity in mines, YOUNG eds. ROTTERDAM: BALKEMA, 1993: 169-174.

[63] 张晓春,缪协兴,翟明华,等. 三河尖煤矿冲击矿压发生机制分析[J]. 岩石力学与工程学报,1998(5):508-513.

[64] 张晓春,缪协兴,杨挺青. 冲击矿压的层裂板模型及试验研究[J]. 岩石力学与工程学报,1999(5):497-502.

[65] 黄庆享,高召宁. 巷道冲击地压的损伤断裂力学模型[J]. 煤炭学报,2001(2):156-159.

[66] 钱七虎. 规避岩爆事故重在机理研究[N]. 科学时报,2011-07-15(A1).

[67] ZUBELEWICZ O C, MORZ Z. Numerical simulation of rock burst processes treated as problems of dynamic instability[J]. Rock Mechanics and Rock Engineering, 1983, 16: 253-274.

[68] 苗小虎,姜福兴,王存文,等. 微地震监测揭示的矿震诱发冲击地压机理研究[J]. 岩土工程学报,2011,33(6):971-976.

[69] LITWINISZYN J. The phenomenon of rock bursts and resulting shock waves[J]. Mining Science and Technology, 1984, 1: 243-251.

[70] 姜耀东,赵毅鑫,宋彦琦,等. 放炮震动诱发煤矿巷道动力失稳机理分析[J]. 岩石力学与工程学报,2005,24(17):3131-3136.

[71] TANG C A. Numerical simulation of progressive rock failure and associated seismicity[J]. International Journal of Rock Mechanics and Mining Sciences, 1997, 34: 249-262.

[72] TANG C A, MA T H, DING X L. On stress-forecasting strategy of earthquakes from stress buildup, stress shadow and stress transfer

(SSS) based on numerical approach[J]. Earthquake Science, 2009, 22: 53-62.

[73] ZHU W C, LI Z H, ZHU L, et al. Numerical simulation on rock-burst of underground opening triggered by dynamic disturbance[J]. Tunnelling and Underground Space Technology, 2010, 25: 587-599.

[74] 潘一山, 吕祥锋, 李忠华, 等. 高速冲击载荷作用下巷道动态破坏过程试验研究[J]. 岩工力学, 2011, 32(5): 1281-1286.

[75] 张晓春, 卢爱红, 王军强. 动力扰动导致巷道围岩层裂结构及冲击矿压的数值模拟[J]. 岩石力学与工程学报, 2006, 25(S1): 3110-3114.

[76] 卢爱红, 郁时炼, 秦昊, 等. 应力波作用下巷道围岩层裂结构的稳定性研究[J]. 中国矿业大学学报, 2008, 37(6): 769-774.

[77] 彭维红, 卢爱红. 应力波作用下巷道围岩层裂失稳的数值模拟[J]. 采矿与安全工程学报, 2008, 25(2): 213-216.

[78] 徐学锋, 窦林名, 刘军, 等. 动载扰动诱发底板冲击矿压演化规律研究[J]. 采矿与安全工程学报, 2012, 29(3): 334-338.

[79] 谢龙, 窦林名, 吕长国, 等. 不同侧压系数对动载诱发巷道底板冲击的影响[J]. 采矿与安全工程学报, 2013, 30(2): 251-255.

[80] 李利萍, 潘一山, 王晓纯, 等. 开采深度和垂直冲击荷载对超低摩擦型冲击地压的影响分析[J]. 岩石力学与工程学报, 2014, 33(S1): 3225-3230.

[81] LI X B, ZHOU Z L, LOK T S, et al. Innovative testing technique of rock subjected to coupled static and dynamic loads[J]. International Journal of Rock Mechanics and Mining Sciences, 2008, 45: 739-748.

[82] 李夕兵, 周子龙, 叶州元, 等. 岩石动静组合加载力学特性研究[J]. 岩石力学与工程学报, 2008, 27(7): 1387-1399.

[83] 李夕兵, 宫凤强, ZHAO J, 等. 一维动静组合加载下岩石冲击破坏试验研究[J]. 岩石力学与工程学报, 2010, 29(2): 251-260.

[84] 潘俊锋, 宁宇, 毛德兵, 等. 煤矿开采冲击地压启动理论[J]. 岩石力学与工程学报, 2012, 31(3): 586-596.

[85] 左宇军, 李夕兵, 张义平. 动、静组合加载下岩石的破坏特性[M]. 北京: 冶金工业出版社, 2008.

[86] 刘少虹, 毛德兵, 齐庆新, 等. 动静加载下组合煤岩的应力波传播机制与能量耗散[J]. 煤炭学报, 2014, 39(S1): 15-22.

[87] 刘少虹. 动静加载下组合煤岩破坏失稳的突变模型和混沌机制[J].

煤炭学报,2014,39(2):292-300.

[88] 窦林名. 动静载诱发冲击矿压的机理探讨[C]//第四届绿色开采理论与实践国际研讨会,2011,9:110-124.

[89] 潘岳,解金玉,顾善发. 非均匀围压下矿井断层冲击地压的突变理论分析[J]. 岩石力学与工程学报,2001,20(3):310-314.

[90] 王学滨,海龙,宋维源,等. 断层岩爆是应变局部化导致的系统失稳回跳[J]. 岩石力学与工程学报,2004,23(18):3102-3105.

[91] 王学滨. 断层-围岩系统的形成过程及快速回跳数值模拟[J]. 北京科技大学学报,2006,28(3):211-214.

[92] BENIOFF H. Crustal strain characteristics derived from earthquake sequences[J]. Transactions, American Geophysical Union, 1951, 32:508-514.

[93] 章梦涛. 矿震的粘滑失稳理论[D]. 阜新:阜新矿业学院,1993.

[94] 代高飞,尹光志,皮文丽,等. 用滑块模型对冲击地压的研究(Ⅰ)[J]. 岩土力学,2004,25(8):1263-1266.

[95] 郭晓强,窦林名,陆菜平,等. 采动诱发断层活化的微震活动规律研究[J]. 煤矿安全,2011,42(1):26-30.

[96] 黄滚,尹光志. 冲击地压粘滑失稳的混沌特性[J]. 重庆大学学报,2009,32(6):633-637.

[97] BRACE W F. Laboratory studies of stick-slip and their application to earthquake[J]. Tectonophysics, 1972, 14:189-200.

[98] 李振雷,窦林名,蔡武,等. 深部厚煤层断层煤柱型冲击矿压机制研究[J]. 岩石力学与工程学报,2013,32(2):333-342.

[99] LI Z L, DOU L M, CAI W, et al. Mechanical analysis of static stress within fault-pillars based on a voussoir beam structure[J]. Rock Mechanics and Rock Engineering, 2015, DOI:10.1007/s00603-015-0754-6.

[100] MICHALSKI A. Assessment of rock burst hazard in the approach of a caved longwall to a fault[J]. Przeglad Gorniczy, 1977, 23:387-397.

[101] 姜福兴,魏全德,王存文,等. 巨厚砾岩与逆冲断层控制型特厚煤层冲击地压机理分析[J]. 煤炭学报,2014,39(7):1191-1196.

[102] 姜耀东,王涛,陈涛,等. "两硬"条件正断层影响下的冲击地压发生规律研究[J]. 岩石力学与工程学报,2013,32(S2):3712-3718.

[103] 姜福兴,苗小虎,王存文,等. 构造控制型冲击地压的微地震监测预警研究与实践[J]. 煤炭学报,2010,35(6):900-903.

[104] CHEN X H, LI W Q, YAN X Y. Analysis on rock burst danger when fully-mechanized caving coal face passed fault with deep mining[J]. Safety Science, 2012, 50: 645-648.

[105] 张明伟,窦林名,王占成,等. 深井巷道过断层群期间微震规律分析[J]. 煤炭科学技术,2010,38(5):9-16.

[106] 蔡武,窦林名,李振雷,等. 微震多维信息识别与冲击矿压时空预测——以河南义马跃进煤矿为例[J]. 地球物理学报,2014,57(8):2687-2700.

[107] 彭苏萍,孟召平,李玉林. 断层对顶板稳定性影响相似模拟试验研究[J]. 煤田地质与勘探,2001,29(3):1-4.

[108] 张宁博. 断层冲击地压发生机制与工程实践[D]. 北京:煤炭科学研究总院,2014.

[109] 李志华,窦林名,陆振裕,等. 采动诱发断层滑移失稳的研究[J]. 采矿与安全工程学报,2010,27(4):499-504.

[110] 吴基文,童宏树,童世杰,等. 断层带岩体采动效应的相似材料模拟研究[J]. 岩石力学与工程学报,2007(S2):4170-4175.

[111] 王涛,姜耀东,赵毅鑫,等. 断层活化与煤岩冲击失稳规律的实验研究[J]. 采矿与安全工程学报,2014,31(2):180-186.

[112] 王涛,王璨华,姜耀东,等. 开采扰动下断层滑移过程围岩应力分布及演化规律的实验研究[J]. 中国矿业大学学报,2014,43(4):587-592.

[113] JIANG Y D, WANG T, ZHAO Y X, et al. Experimental study on the mechanisms of fault reactivation and coal bumps induced by mining[J]. Journal of Coal Science and Engineering, 2013, 19: 507-513.

[114] 罗浩,李忠华,王爱文,等. 深部开采临近断层应力场演化规律研究[J]. 煤炭学报,2014,39(2):322-327.

[115] 王爱文,潘一山,李忠华,等. 断层作用下深部开采诱发冲击地压相似试验研究[J]. 岩土力学,2014,35(9):2486-2492.

[116] 左建平,陈忠辉,王怀文,等. 深部煤矿采动诱发断层活动规律[J]. 煤炭学报,2009,34(3):305-309.

[117] 勾攀峰,胡有关. 断层附近回采巷道顶板岩层运动特征研究[J]. 采

矿与安全工程学报,2006,23(3):285-288.

[118] JI H G, MA H S, WANG J A, et al. Mining disturbance effect and mining arrangements analysis of near-fault mining in high tectonic stress region[J]. Safety Science, 2012, 50: 649-654.

[119] ISLAM M R, SHINJO R. Mining-induced fault reactivation associated with the main conveyor belt roadway and safety of the Barapukuria coal mine in Bangladesh: Constraints from BEM simulations[J]. International Journal of Coal Geology, 2009, 79: 115-130.

[120] 李志华,窦林名,陈国祥,等. 采动影响下断层冲击矿压危险性研究[J]. 中国矿业大学学报,2010,39(4):491-495.

[121] 李守国,吕进国,姜耀东,等. 逆断层不同倾角对采场冲击地压的诱导分析[J]. 采矿与安全工程学报,2014,31(6):869-875.

[122] 姜耀东,王涛,赵毅鑫,等. 采动影响下断层活化规律的数值模拟研究[J]. 中国矿业大学学报,2013,42(1):1-5.

[123] NEVES M, PAIVA L T, LUIS J. Software for slip-tendency analysis in 3D: A plug-in for Coulomb[J]. Computers & Geosciences, 2009, 35: 2345-2352.

[124] WALLACE R E. Geometry of shearing stress and relation to faulting[J]. The Journal of Geology, 1951,59(2): 118-130.

[125] BOTT M H P. The mechanics of oblique slip faulting[J]. Geological Magazine, 1959, 96: 109-117.

[126] JAEGER J C, COOK N G, Zimmerman R. Fundamentals of rock mechanics[M]. [s. l.]: JOHN WILEY & SONS, 2009.

[127] LISLE R J. A critical look at the Wallace-Bott hypothesis in fault-slip analysis[J]. Bulletin de la Société Géologique de France, 2013, 184: 299-306.

[128] MORRIS A P, FERRILL D A. The importance of the effective intermediate principal stress (σ_2) to fault slip patterns[J]. Journal of Structural Geology, 2009, 31: 950-959.

[129] 万永革,盛书中,许雅儒,等. 不同应力状态和摩擦系数对综合 P 波辐射花样影响的模拟研究[J]. 地球物理学报,2011,54(4):994-1001.

[130] HANSEN J A. Direct inversion of stress, strain or strain rate in-

cluding vorticity: A linear method of homogenous fault-slip data inversion independent of adopted hypothesis[J]. Journal of Structural Geology, 2013, 51: 3-13.

[131] LECLERE H, FABBRI O. A new three-dimensional method of fault reactivation analysis[J]. Journal of Structural Geology, 2013, 48: 153-161.

[132] LISLE R J, WALKER R J. The estimation of fault slip from map data: The separation-pitch diagram[J]. Tectonophysics, 2013, 583: 158-163.

[133] MCFARLAND J M, MORRIS A P, FERRILL D A. Stress inversion using slip tendency[J] Computers & Geosciences, 2012, 41: 40-46.

[134] MOECK I, KWIATEK G, ZIMMERMANN G. Slip tendency analysis, fault reactivation potential and induced seismicity in a deep geothermal reservoir[J]. Journal of Structural Geology, 2009, 31: 1174-1182.

[135] TRANOS M D. Slip preference on pre-existing faults: A guide tool for the separation of heterogeneous fault-slip data in extensional stress regimes[J]. Tectonophysics, 2012, 544: 60-74.

[136] 刘力强,刘培洵,黄凯珠,等. 断层三维扩展过程的实验研究[J]. 中国科学(D辑),2008,38(7):833-841.

[137] 宋义敏,马少鹏,杨小彬,等. 断层冲击地压失稳瞬态过程的试验研究[J]. 岩石力学与工程学报,2011,30(4):812-817.

[138] 马瑾,刘力强,刘培洵,等. 断层失稳错动热场前兆模式:雁列断层的实验研究[J]. 地球物理学报,2007,50(4):1141-1149.

[139] 马瑾,郭彦双. 失稳前断层加速协同化的实验室证据和地震实例[J]. 地震地质,2014,36(3):547-561.

[140] 宋义敏,马少鹏,杨小彬,等. 断层黏滑动态变形过程的实验研究[J]. 地球物理学报,2012,55(1):171-179.

[141] 马胜利,刘力强,马瑾,等. 均匀和非均匀断层滑动失稳成核过程的实验研究[J]. 中国科学(D辑),2003,33(S):45-52.

[142] 郭玲莉,刘力强,马瑾. 黏滑实验的震级评估和应力降分析[J]. 地球物理学报,2014,57(3):867-876.

[143] 崔永权,马胜利,刘力强,等. 侧向应力扰动对断层摩擦影响的实验

研究[J]. 地震地质,2005,27(4):645-652.

[144] 黄元敏,马胜利,缪阿丽,等. 剪切载荷扰动对断层摩擦影响的实验研究[J]. 地震地质,2009,31(2):276-286.

[145] SAINOKI A, MITRI H S. Dynamic behavior of mining-induced fault slip[J]. International Journal of Rock Mechanics and Mining Sciences, 2014, 66: 19-29.

[146] SAINOKI A, MITRI H S. Dynamic modelling of fault-slip with Barton's shear strength model[J]. International Journal of Rock Mechanics and Mining Sciences, 2014, 67: 155-163.

[147] SAINOKI A, MITRI H S. Simulating intense shock pulses due to asperities during fault-slip[J]. Journal of Applied Geophysics, 2014, 103: 71-81.

[148] SAINOKI A, MITRI H S. Effect of slip-weakening distance on selected seismic source parameters of mining-induced fault-slip[J]. International Journal of Rock Mechanics and Mining Sciences, 2015, 73: 115-122.

[149] 王学滨,马冰,吕家庆. 实验室尺度典型断层系统破坏、前兆及粘滑过程数值模拟[J]. 地震地质,2014,36(3):845-861.

[150] HILL D P, REASENBERG P A, MICHAEL A, et al. Seismicity remotely triggered by the magnitude 7. 3 Landers, California, earthquake[J]. Science, 1993, 260(5114): 1617-1623.

[151] GOMBERG J, BEELER N M, BLANPIED M L, et al. Earthquake triggering by transient and static deformations[J]. Journal of Geophysical Research, 1998, 103: 24411-24426.

[152] BELARDINELLI M E. Earthquake triggering by static and dynamic stress changes[J]. Journal of Geophysical Research, 2003, 108: 2135.

[153] VELASCO A A, HERNANDEZ S, PARSONS T, et al. Global ubiquity of dynamic earthquake triggering[J]. Nature Geoscience, 2008, 1: 375-379.

[154] WEST M, SAANCHEZ J J, MCNUTT S R. Periodically triggered seismicity at mount Wrangell, Alaska, after the Sumatra earthquake[J]. Science, 2005, 308: 1144-1146.

[155] PERFETTINI H, SCHMITTBUHL J, COCHARD A. Shear and

normal load perturbations on a two-dimensional continuous fault: 2. dynamic triggering[J]. Journal of Geophysical Research, 2002, 108: 2409.

[156] JOHNSON P A, JIA X. Nonlinear dynamics, granular media and dynamic earthquake triggering[J]. Nature, 2005, 437: 871-874.

[157] GOMBERG J, JOHNSON P A. Dynamic triggering of earthquakes [J]. Nature, 2005, 48(1):116-123.

[158] 姜福兴, 杨淑华, 成云海, 等. 煤矿冲击地压的微地震监测研究[J]. 地球物理学报, 2006, 49(5):1511-1516.

[159] GU S T, WANG C Q, JIANG B Y, et al. Field test of rock burst danger based on drilling pulverized coal parameters[J]. Disaster Advances, 2012, 5: 237-240.

[160] 刘金海, 翟明华, 郭信山, 等. 震动场、应力场联合监测冲击地压的理论与应用[J]. 煤炭学报, 2014, 39(2):353-363.

[161] 曲效成, 姜福兴, 于正兴, 等. 基于当量钻屑法的冲击地压监测预警技术研究及应用[J]. 岩石力学与工程学报, 2011, 30(11): 2346-2351.

[162] WANG E Y, HE X Q, WEI J P, et al. Electromagnetic emission graded warning model and its applications against coal rock dynamic collapses[J]. International Journal of Rock Mechanics and Mining Sciences, 2011, 48: 556-564.

[163] HE X Q, CHEN W X, NIE B S, et al. Electromagnetic emission theory and its application to dynamic phenomena in coal-rock[J]. International Journal of Rock Mechanics and Mining Sciences, 2011, 48: 1352-1358.

[164] 窦林名, 何学秋, BERNARD DRZEZLS. 冲击矿压危险性评价的地音法[J]. 中国矿业大学学报, 2000, 29(1):85-88.

[165] 贺虎, 窦林名, 巩思园, 等. 冲击矿压的声发射监测技术研究[J]. 岩土力学, 2011, 32(4):1262-1268.

[166] 潘一山, 唐治, 李忠华, 等. 不同加载速率下煤岩单轴压缩电荷感应规律研究[J]. 地球物理学报, 2013, 56(3):1043-1048.

[167] XU N W, TANG C A, LI L C, et al. Microseismic monitoring and stability analysis of the left bank slope in Jinping first stage hydropower station in southwestern China[J]. International Journal of

Rock Mechanics and Mining Sciences, 2011, 48: 950-963.

[168] TANG C A, WANG J M, ZHANG J J. Preliminary engineering application of microseismic monitoring technique to rockburst prediction in tunneling of Jinping II project[J]. Journal of Rock Mechanics and Geotechnical Engineering, 2010, 2: 193-208.

[169] MCCREARY R, MCGAUGHEY J, POTVIN Y, et al. Results from microseismic monitoring, conventional instrumentation, and tomography surveys in the creation and thinning of a burst-prone sill pillar[J]. Pure and applied geophysics, 1992, 139: 349-373.

[170] WANG H L, GE M C. Acoustic emission/microseismic source location analysis for a limestone mine exhibiting high horizontal stresses[J]. International Journal of Rock Mechanics and Mining Sciences, 2008, 45: 720-728.

[171] GE M C. Efficient mine microseismic monitoring[J]. International Journal of Coal Geology, 2005, 64: 44-56.

[172] TRIFU C I, SHUMIA V. Microseismic monitoring of a controlled collapse in Field II at Ocnele Mari, Romania[J]. Pure and applied geophysicss, 2010, 16: 27-42.

[173] HIRATA A, KAMEOKA Y, HIRANO T. Safety management based on detection of possible rock bursts by AE monitoring during tunnel excavation[J]. Rock Mechanics and Rock Engineering, 2007, 40: 563-576.

[174] BARIA R, MICHELET S, BAUMGARTNER J. Creation and mapping of 5000 m deep HDR/HFR reservoir to produce electricity [C]//Proceeding of the World Geothermal Congress 2005, Antalya, Turkey, 2005, Paper 1627.

[175] TEZUKA K, NIITSUMA H. Stress estimated using microseismic clusters and its relationship to the fracture system of the Hijiori hot dry rock reservoir[J]. Engineering Geology, 2000, 56: 47-62.

[176] 潘一山,赵扬锋,管福海,等. 矿震监测定位系统的研究及应用[J]. 岩石力学与工程学报,2007,26(5):1002-1011.

[177] 窦林名,何江,巩思园,等. 采空区突水动力灾害的微震监测案例研究[J]. 中国矿业大学学报,2012,41(1):20-25.

[178] 李庶林,尹贤刚,郑文达,等. 凡口铅锌矿多通道微震监测系统及其

应用研究[J]. 岩石力学与工程学报,2005,24(12):2048-2053.

[179] 唐礼忠,潘长良,杨承祥,等. 冬瓜山铜矿微震监测系统及其应用研究[J]. 金属矿山,2006(10):41-45.

[180] 刘建坡,石长岩,李元辉,等. 红透山铜矿微震监测系统的建立及应用研究[J]. 采矿与安全工程学报,2012,29(1):72-77.

[181] 陈炳瑞,冯夏庭,曾雄辉,等. 深埋隧洞 TBM 掘进微震实时监测与特征分析[J]. 岩石力学与工程学报,2011,30(2):275-283.

[182] 徐奴文,唐春安,沙椿,等. 锦屏一级水电站左岸边坡微震监测系统及其应用研究[J]. 岩石力学与工程学报,2010,29(5):915-925.

[183] 刘建坡. 深井矿山地压活动与微震时空演化关系研究[D]. 沈阳:东北大学,2011.

[184] 唐礼忠. 深井矿山地震活动与岩爆监测及预测研究[D]. 长沙:中南大学,2008.

[185] 夏永学,康立军,齐庆新,等. 基于微震监测的 5 个指标及其在冲击地压预测中的应用[J]. 煤炭学报,2010,35(12):2011-2015.

[186] GIBOWICZ S J, KIJKO A. 矿山地震学引论[M]. 修济刚,译. 北京:地震出版社,1996.

[187] FUJII Y, ISHIJIMA Y, DEGUCHI G. Prediction of coal face rock-bursts and microseismicity in deep longwall coal mining[J]. International Journal of Rock Mechanics and Mining Sciences, 1997, 34: 85-96.

[188] 唐礼忠,张君,李夕兵. 基于定量地震学的矿山微震活动对开采速率的响应特性研究[J]. 岩石力学与工程学报,2012,31(7):1349-1354.

[189] 吕进国,潘立. 微震预警冲击地压的时间序列方法[J]. 煤炭学报, 2010,35(12):2002-2005.

[190] TANG L Z, XIA K W. Seismological method for prediction of areal rockbursts in deep mine with seismic source mechanism and unstable failure theory[J]. Journal of Central South University of Technology, 2010, 17: 947-953.

[191] LUXBACHER K D, WESTMAN E, SWANSON P, et al. Three-dimensional time-lapse velocity tomography of an underground longwall panel[J]. International Journal of Rock Mechanics and Mining Sciences, 2008, 45: 478-485.

[192] LURKA A. Location of high seismic activity zones and seismic haz-

ard assessment in Zabrze Bielszowice coal mine using passive tomography[J]. Journal of China University of Mining and Technology, 2008, 18: 177-181.

[193] 窦林名,蔡武,巩思园,等. 冲击危险性动态预测的震动波 CT 技术研究[J]. 煤炭学报,2014,39(2):238-244.

[194] STANTON A. Wilhelm Conrad Röntgen on a new kind of rays: translation of a paper read before the Würzburg Physical and Medical Society, 1895[J]. Nature, 1896, 53: 274-276.

[195] RADON J. Über die bestimmung von funktionen durch ihre integralwerte lange gewisser mannigfaltigkeiten[J]. Ber Verh Saechs Akad Wiss, 1917, 69: 262-267.

[196] DINES K A, LYTLE R J. Computerized geophysical tomography [J]. Proceedings of the IEEE, 1979, 67: 1065-1073.

[197] WESTMAN E C. Use of tomography for inference of stress redistribution in rock[J]. IEEE Transactions on Industry Applications, 2004, 40: 1413-1417.

[198] WESTMAN E C, HARAMY K Y, ROCK A D. Seismic tomography for longwall stress analysis[J]. Rock Mechanics Tools Technology , 1996: 397-403.

[199] ZHAO Y, LI Q, GUO H, et al. Seismic attenuation tomography in frequency domain and its application to engineering[J]. Science in China Series D: Earth Sciences, 2000, 43: 431-438.

[200] LUXBACHER K D. Time-lapse passive seismic velocity tomography of longwall coal mines: A comparison of methods [D]. Blacksburg: Virginia Polytechnic Institute and State University, 2008.

[201] CAI W, DOU L M, CAO A Y, et al. Application of seismic velocity tomography in underground coal mines: A case study of Yima mining area, Henan, China[J]. Journal of Applied Geophysics, 2014, 109: 140-149.

[202] DOU L M, CHEN T J, GONG S Y, et al. Rockburst hazard determination by using computed tomography technology in deep workface[J]. Safety Science, 2012, 50: 736-740.

[203] HE H, DOU L M, LI X W, et al. Active velocity tomography for assessing rock burst hazards in a kilometer deep mine[J]. Mining

Science and Technology (China)，2011，21：673-676.

[204] FRIEDEL M J，JACKSON M J，SCOTT D F，et al. 3-D tomographic imaging of anomalous conditions in a deep silver mine[J]. Journal of Applied Geophysics，1995，34：1-21.

[205] FRIEDEL M J，SCOTT D F，WILLIAMS T J. Temporal imaging of mine-induced stress change using seismic tomography[J]. Engineering Geology，1997，46：131-141.

[206] LUO X，KING A，VAN DE WERKEN M. Tomographic imaging of rock conditions ahead of mining using the shearer as a seismic source—A feasibility study[J]. IEEE Transactions on Geoscience and Remote Sensing ，2009，47：3671-3678.

[207] BANKA P，JAWORSKI A. Possibility of more precise analytical prediction of rock mass energy changes with the use of passive seismic tomography readings[J]. Archives of Mining Sciences，2010，55：723-731.

[208] HOSSEINI N，ORAEE K，SHAHRIAR K，et al. Passive seismic velocity tomography and geostatistical simulation on longwall mining panel[J]. Archives of Mining Sciences，2012，57：139-155.

[209] HOSSEINI N，ORAEE K，SHAHRIAR K，et al. Passive seismic velocity tomography on longwall mining panel based on simultaneous iterative reconstructive technique (SIRT)[J]. Journal of Central South University of Technology，2012，19：2297-2306.

[210] HOSSEINI N，ORAEE K，SHAHRIAR K，et al. Studying the stress redistribution around the longwall mining panel using passive seismic velocity tomography and geostatistical estimation[J]. Arabian Journal of Geosciences，2013，6：1407-1416.

[211] WESTMAN E，LUXBACHER K，SCHAFRIK S. Passive seismic tomography for three-dimensional time-lapse imaging of mining-induced rock mass changes [J]. The Leading Edge，2012，31：338-345.

[212] CAI W，DOU L M，GONG S Y，et al. Quantitative analysis of seismic velocity tomography in rock burst hazard assessment[J]. Natural Hazards，2015，75：2453-2465.

[213] 李志华,窦林名,陆菜平,等. 断层冲击相似模拟微震信号频谱分析

[J]. 山东科技大学学报(自然科学版),2010,29(4):51-56.

[214] ANDERSON E. The dynamics of faulting[J]. Transactions of the Edinburgh Geological Society, 1905, 8: 387-402.

[215] HUBBERT M K, RUBEY W W. Role of fluid pressure in mechanics of overthrust faulting I. Mechanics of fluid-filled porous solids and its application to overthrust faulting[J]. Geological Society of America Bulletin, 1959, 70: 115-166.

[216] KURLENYA M V, OPARIN V N. Problems of nonlinear geomechanics: part I[J]. Journal of Mining Science, 1999, 35: 216-230.

[217] KURLENYA M V, OPARIN V N. Problems of nonlinear geomechanics: part II[J]. Journal of Mining Science, 2000, 36: 305-326.

[218] 吴昊,方秦,王洪亮. 深部块系岩体超低摩擦现象的机理分析[J]. 岩土工程学报,2008,30(5):769-775.

[219] 潘一山,王凯兴. 岩体间超低摩擦发生机理的摆型波理论[J]. 地震地质,2014,36(3):833-844.

[220] 王凯兴,孟村影,杨月,等. 块系覆岩中摆型波传播对巷道支护动力响应影响[J]. 煤炭学报,2014,39(2):347-352.

[221] 李利萍,潘一山,章梦涛. 基于简支梁模型的岩体超低摩擦效应理论分析[J]. 岩石力学与工程学报,2009,28(S1):2715-2720.

[222] 李利萍,潘一山,王晓纯,等. 考虑上覆岩层压力的深部岩体块系介质超低摩擦效应理论分析[J]. 自然灾害,2014,23(1):149-154.

[223] 王明洋,戚承志,钱七虎. 深部岩体块系介质变形与运动特性研究[J]. 岩石力学与工程学报,2005,24(16):2825-2830.

[224] ALEKSANDROVA N I, SHER E N, CHERNIKO A G. Effect of viscosity of partings in block-hierarchical media on propagation of low frequency pendulum waves[J]. Journal of Mining Science, 2008, 44: 225-234.

[225] 李利萍,潘一山,马胜利,等. 深部开采岩体超低摩擦效应实验研究[J]. 采矿与安全工程学报,2008,25(2):164-167.

[226] 许琼萍,陆渝生,王德荣. 深部岩体块系摩擦减弱效应试验[J]. 解放军理工大学学报(自然科学版),2009,10(3):285-289.

[227] 王德荣,陆渝生,冯淑芳,等. 深部岩体动态特性多功能试验系统的研制[J]. 岩石力学与工程学报,2008,27(3):601-606.

[228] 吴昊,方秦,张亚栋,等. 一维块系地质块体波动特性的试验和理论

研究[J]. 岩土工程学报,2010,32(4):600-611.

[229] 王洪亮,葛涛,王德荣,等. 块系岩体动力特性理论与实验对比分析[J]. 岩石力学与工程学报,2007,26(5):951-958.

[230] ALEKSANDROVA N I, CHERNIKOV A G, SHER E N. Experimental investigation into the one-dimensional calculated model of wave propagation in block medium[J]. Journal of Mining Science, 2005, 41:232-239.

[231] 马瑾. 地震机理与瞬间因素对地震的触发作用——兼论地震发生的不确定性[J]. 自然杂志,2010,32(6):311-313.

[232] SPRAY J G. Viscosity determinations of some frictionally generated silicate melts-implications for fault zone rheology at high-strain rates[J]. Journal of Geophysical Research, 1993, 98:8053-8068.

[233] LACHENBRUCH A H. Frictional heating, fluid pressure, and the resistance to fault motion[J]. Journal of Geophysical Research, 1980, 85:6249-6272.

[234] BRUNE J N, BROWN S, JOHNSON P A. Rupture mechanism and interface separation in foam rubber models of earthquakes:A possible solution to the heat flow paradox and the paradox of large overthrusts[J]. Tectonophysics, 1993, 218:59-67.

[235] MELOSH H J. Dynamic weakening of faults by acoustic fluidization[J]. Nature, 1996, 397:601-606.

[236] BRODSKY E E, Kanamori H. Elastohydrodynamic lubrication of faults [J]. Journal of Geophysical Research, 2001, 106:16357-16374.

[237] 郭玲莉. 断层失稳滑动瞬态过程的实验观测与分析[D]. 北京:中国地震局地质研究所,2013.

[238] 钱鸣高,石平五. 矿山压力与岩层控制[M]. 徐州:中国矿业大学出版社,2003.

[239] BYERLEE J D. Friction of rocks[J]. Pure and applied geophysicss, 1978, 116:615-626.

[240] 缪协兴,钱鸣高. 采场围岩整体结构与砌体梁力学模型[J]. 矿山压力与顶板管理,1995(3-4):3-12.

[241] 钱鸣高,缪协兴,何富连. 采场"砌体梁"结构的关键块分析[J]. 煤炭学报,1994,19(6):557-563.

[242] 黄庆享,石平五,钱鸣高. 老顶岩块端角摩擦系数和挤压系数实验研

究[J]. 岩土力学,2000,21(1):60-63.

[243] 耿乃光. 地学领域的摩擦实验研究[J]. 润滑与密封,1987(6): 21-26.

[244] 王泽利,何昌荣,周永胜,等. 断层摩擦实验中的应力状态及摩擦强度[J]. 岩石力学与工程学报,2004,23(23):4079-4083.

[245] 许东俊,耿乃光. 岩石和断层泥摩擦特性的现场大尺度试件实验研究[J]. 地震学报,1989,11(4):424-430.

[246] 杨茨,徐松林,易洪昇. 冲击载荷下圆环纵向压缩力学行为研究[J]. 实验力学,2014,29(1):18-25.

[247] SAGAR R V. Verification of the applicability of lattice model to concrete fracture by AE study[J]. International Journal of Fracture, 2010, 161: 121-129.

[248] CHEON D S, JUNG Y B, PARK E S. Evaluation of damage level for rock slopes using acoustic emission technique with waveguides [J]. Engineering Geology, 2011, 121: 75-88.

[249] ZHAO X G, CAI M, WANG J. Damage stress and acoustic emission characteristics of the Beishan granite[J]. International Journal of Rock Mechanics and Mining Sciences, 2013, 64: 258-269.

[250] GUTENBERG B, RICHTER C F. Frequency of earthquakes in California[J]. Bulletin of the Seismological Society of America, 1944, 34(4): 185-188.

[251] KURZ J H, FINCK F, GROSSE C U. Stress drop and stress redistribution in concrete quantified over time by the b-value analysis [J]. Structral Health Monitoring, 2006, 5: 69-81.

[252] CARPRINTERI A, CORRADO M, LACIDOGNA G. Three different approaches for damage domain characterization in disordered materials: Fractal energy density, b-value statistics, renormalization group theory[J]. Mechanics of Materials, 2012, 53: 15-28.

[253] SAGAR R V, PRASAD B K, KUMAR S S. An experimental study on cracking evolution in concrete and cement mortar by the b-value analysis of acoustic emission technique[J]. Cement and Concrete Research, 2012, 42: 1094-1104.

[254] HOLUB K. Space-time variations of the frequency-energy relation for mining-induced seismicity in the Ostrava-Karviná mining district

[J]. Pure and applied geophysicss, 1996, 146: 265-280.

[255] 李元海, 靖洪文. 基于数字散斑相关法的变形量测软件研制及应用[J]. 中国矿业大学学报, 2008, 37(5): 635-640.

[256] MCGARR A, SPOTTISWOODE S M, GAY N C, et al. Observations relevant to seismic driving stress, stress drop, and efficiency[J]. Journal of Geophysical Research, 1979, 84: 2251-2261.

[257] MANDELBROT B B. The fractal geometry of nature[M]. New York: W H Freeman and Company, 1973.

[258] 冯夏庭, 陈炳瑞, 张传庆, 等. 岩爆孕育过程的机制、预警与动态调控[M]. 北京: 科学出版社, 2013.

[259] AMITRANO D. Variability in the power-law distributions of rupture events[J]. The European Physical Journal-Special Topics, 2012, 205: 199-215.

[260] FILIMONOV Y, LAVROV A, SHKURATNIK V. Effect of confining stress on acoustic emission in ductile rock[J]. Strain, 2005, 41: 33-35.

[261] HARDY JR H R. Acoustic emission/microseismic activity: volume 1: principles, techniques and geotechnical applications[M]. [s. l.]: TAYLOR & FRANCIS, 2003.

[262] SCHOLZ C. The frequency-magnitude relation of microfracturing in rock and its relation to earthquakes[J]. Bulletin of the Seismological Society of America, 1968, 58: 399-415.

[263] 吴政, 张承娟. 单向荷载作用下岩石损伤模型及其力学特性研究[J]. 岩石力学与工程学报, 1996, 15(1): 55-61.

[264] 杨圣奇, 徐卫亚, 韦立德. 单轴压缩下岩石损伤统计本构模型与试验研究[J]. 河海大学学报(自然科学版), 2004, 32(2): 200-203.

[265] 曹文贵, 方祖烈, 唐学军. 岩石损伤软化统计本构模型之研究[J]. 岩石力学与工程学报, 1998, 17(6): 628-633.

[266] 唐春安. 岩石破裂过程中的灾变[M]. 北京: 煤炭工业出版社, 1993.

[267] LEMAITRE J. A continuous damage mechanics model for ductile materials[J]. Journal of Engineering Materials and Technology, 1985, 107: 83-89.

[268] 徐卫亚, 韦立德. 岩石损伤统计本构模型的研究[J]. 岩石力学与工程学报, 2002, 21(6): 787-791.

[269] 王学滨,顾路,马冰,等. 断层系统中危险断层识别的频次-能量方法及数值模拟[J]. 地球物理学进展,2013,28(5):2739-2747.

[270] 张少华,缪协兴,赵海云,等. 试验方法对岩石抗拉强度测定的影响[J]. 中国矿业大学学报,1999,28(3):243-246.

[271] 王学滨. 不同强度岩石的破坏过程及声发射数值模拟[J]. 北京科技大学学报,2008,30(8):837-843.

[272] LI G, LIANG Z Z, TANG C A. Morphologic interpretation of rock failure mechanisms under uniaxial compression based on 3D multi-scale high-resolution numerical modeling[J]. Rock Mechanics and Rock Engineering, 2014, DOI: 10.1007/s00603-014-0698-2.

[273] 孙超群,程国强,李术才,等. 基于 SPH 的煤岩单轴加载声发射数值模拟[J]. 煤炭学报,2014,39(11):2183-2189.

[274] MOGI K. On the time distribution of aftershocks accompanying the recent major earthquakes in and near Japan[J]. Bulletin Earthquake Research Institution, 1962, 40: 107-124.

[275] MOGI K. Study of elastic shocks caused by the fracture of heterogonous materials, and its relation to the earthquake phenomena[J]. Bulletin Earthquake Research Institution, 1962, 40: 1-31.

[276] KAGAN Y Y, JACKSON D D. Long-term earthquake clustering [J]. Geophysical Journal International, 1991, 104: 117-133.

[277] 刘桂萍,傅征祥,刘杰. 摩擦时间依从的地震活动性细胞自动机模型[J]. 地球物理学报,2000,43(2):203-212.

[278] KRACKE D W, HEINRICH R. Local seismic hazard assessment in areas of weak to moderate seismicity-case study from Eastern Germany[J]. Tectonophysics, 2004, 390: 45-55.

[279] 王海涛,曲延军,和锐. 基于多种地震前兆异常的综合异常指数研究[J]. 内陆地震,2002,16(4):302-305.

[280] 窦林名,何学秋. 煤矿冲击矿压的分级预测研究[J]. 中国矿业大学学报,2007,36(6):717-722.

[281] 许绍燮. 地震活动性预报地震方法[J]. 地震学报,1993,15(2):239-248.

[282] 窦林名,何学秋,王恩元,等. 冲击矿压与震动的机理及预报研究[J]. 矿山压力与顶板管理,1999(3-4):198-203.

[283] 齐庆新,陈尚本,王怀新,等. 冲击地压、岩爆、矿震及其数值模拟研

究[J]. 岩石力学与工程学报,2003,22(11):1852-1858.

[284] KORNNWSKI J, KURZEJA J. Prediction of rockburst probability given seismic energy and factors defined by the expert method of hazard evaluation (MRG)[J]. Acta Geophysica, 2012, 60: 472-486.

[285] TSUKAKOSHI Y, SHIMAZAKI K. Decreased b-value prior to the M 6. 2 Northern Miyagi, Japan, earthquake of 26 July 2003[J]. Earth Planets Space (EPS), 2008, 60: 915-924.

[286] 徐伟进,高孟潭. 根据截断的 G-R 模型计算东北地震区震级上限[J]. 地球物理学报,2012,55(5):1710-1717.

[287] LEPELTIER C. A simplified statistical treatment of geochemical data by graphical representation[J]. Economic Geology, 1969, 64: 538-550.

[288] 蔡武,窦林名,李许伟,等. 基于分区监测的矿震时空强演化规律分析[J]. 煤矿安全,2011,42(12):130-133.

[289] 李志华,窦林名,管向清,等. 矿震前兆分区监测方法及应用[J]. 煤炭学报,2009,34(5):614-618.

[290] FRANKEL A D, MUELLER C S, BARNHARD T P, et al. USGS national seismic hazard maps[J]. Earthquake Spectra, 2000, 16: 1-19.

[291] GARCIA J, SLEJKO D, REBEZ A, et al. Seismic hazard map for Cuba and adjacent areas using the spatially smoothed seismicity approach[J]. Journal of Earthquake Engineering, 2008, 12: 173-196.

[292] AKINCI A. HAZGRIDX: earthquake forecasting model for M-L>=5. 0 earthquakes in Italy based on spatially smoothed seismicity [J]. Annals of Geophysics-Italy, 2010, 53: 51-61.

[293] HAGOS L, ARVIDSSON R, ROBERTS R. Application of the spatially smoothed seismicity and Monte Carlo methods to estimate the seismic hazard of Eritrea and the surrounding region[J]. Natural Hazards, 2006, 39: 395-418.

[294] 徐伟进,高孟潭. 以空间光滑的地震活动性模型为空间分布函数的地震危险性分析方法[J]. 地震学报,2012,34(4):526-536.

[295] 巩思园,窦林名,曹安业,等. 煤矿微震监测台网优化布设研究[J]. 地球物理学报,2010,53(2):457-465.

[296] 贺虎,窦林名,巩思园,等. 覆岩关键层运动诱发冲击的规律研究[J]. 岩土工程学报,2010,32(8):1260-1265.

[297] 徐学锋,窦林名,曹安业,等. 覆岩结构对冲击矿压的影响及其微震监测[J]. 采矿与安全工程学报,2011,28(1):11-15.

[298] MU Z L, DOU L M, HE H, et al. F-structure model of overlying strata for dynamic disaster prevention in coal mine[J]. International Journal of Mining Science and Technology, 2013, 23: 513-519.

[299] ZHAO Y, JIANG Y. Acoustic emission and thermal infrared precursors associated with bump-prone coal failure[J]. International Journal of Coal Geology, 2010, 83: 11-20.

[300] GILBERT P. Iterative methods for the three-dimensional reconstruction of an object from projections[J]. Journal of Theoretical Biology, 1972, 36: 105-117.

[301] 巩思园. 矿震震动波波速层析成像原理及其预测煤矿冲击危险应用实践[D]. 徐州:中国矿业大学,2010.

[302] WILLIAMSON P. A guide to the limits of resolution imposed by scattering in ray tomography[J]. Geophysics, 1991, 56: 202-207.

[303] WANG Z, BOVIK A C, SHEIKH H R, et al. Image quality assessment: from error visibility to structural similarity[J]. IEEE Transactions on Image Processing, 2004, 13: 600-612.

[304] URBANCIC T I, TRIFU C I, LONG J M, et al. Space-time correlations of b values with stress release[J]. Pure and Applied Geophysics, 1992, 139: 449-462.

[305] 钟明寿,龙源,谢全名,等. 基于分形盒维数和多重分形的爆破地震波信号分析[J]. 振动与冲击,2010,29(1):7-11.

[306] 娄建武,龙源,徐科军,等. 爆破地震波信号分形维数计算的矩形盒模型[J]. 振动与冲击,2005,24(1):81-84.